水利水电工程规划与设计探析

华杰 章瑞银 陈杰 ◎著

中国出版集团

中译出版社

图书在版编目（CIP）数据

水利水电工程规划与设计探析 / 华杰，章瑞银，陈
杰著 . -- 北京：中译出版社，2023.12
　　ISBN 978-7-5001-7670-1

　　Ⅰ.①水… Ⅱ.①华… ②章… ③陈… Ⅲ.①水利水
电工程-水利规划-研究②水利水电工程-设计-研究
Ⅳ.①TV212②TV222

　　中国国家版本馆 CIP 数据核字（2024）第 009311 号

水利水电工程规划与设计探析

SHUILI SHUIDIAN GONGCHENG GUIHUA YU SHEJI TANXI

著　　者：华　杰　章瑞银　陈　杰
策划编辑：于　宇
责任编辑：于　宇
文字编辑：田玉肖
营销编辑：马　萱　钟筏童
出版发行：中译出版社
地　　址：北京市西城区新街口外大街 28 号 102 号楼 4 层
电　　话：（010）68002494（编辑部）
邮　　编：100088
电子邮箱：book@ctph.com.cn
网　　址：http://www.ctph.com.cn

印　　刷：北京四海锦诚印刷技术有限公司
经　　销：新华书店
规　　格：787 mm×1092 mm　1/16
印　　张：11
字　　数：219 千字
版　　次：2024 年 7 月第 1 版
印　　次：2024 年 7 月第 1 次印刷

ISBN 978-7-5001-7670-1　　定价：68.00 元

前　言

　　水资源是一个国家经济社会发展的基础。自古以来，水利工程建设就是历朝历代必须发展的国家项目，如众所周知的大禹治水、秦时郑国渠和灵渠的修建，以及隋朝京杭大运河的开凿等，都是为了国民生计和国家治理所建设施工的项目，对历史的进步发展起到至关重要的作用。中华人民共和国成立以来，国家大力发展各项水利工程，并且取得了很好的成绩，对国民经济发展、保障人民生命和财产安全起到了极其重要的作用。水资源是人类社会生存和经济社会发展不可缺少且不可替代的资源。随着人类社会的快速发展，人们对水资源的需求也呈现出不断增加的趋势，从而导致水资源趋于减少。

　　水利工程规划设计是整个水利工程建设工作中的重点，是保证水利工程设计合理、施工有序、管理有效的基本保障。伴随国家经济飞速提升，水利事业进步也非常显著，其中水利工程越发成为人们热议的话题，对国民经济与社会发展有着深远的影响。想要大规模地破土动工，就需要将建设速度提升上去，而这很大程度上取决于规划设计成效如何。另外，社会对国家与政府投入资金也提出了较高的要求，同一时间相关决策部门也应当出台一系列正确决策。

　　水利水电工程的建设关系到国计民生，是国民经济的基础、水利水电的施工质量是水利水电工程的核心，其中对施工质量的管理是成败的关键。随着我国经济建设的高速发展，水利水电工程施工质量越来越受到重视。本书力求在此基础上，对水利建设工程规划与设计进行研究。本书由水资源开发利用工程、水利水电工程规划与设计、水能计算与水电站及水库的主要参数选择、水电站的特点与进水口和引水道建筑物设计、水电站压力管道设计、河道治理与设计等部分构成。全书主要研究水利水电工程规划与设计，首先，讲述了水资源开发利用；其次，对水利水电工程规划与设计、水能计算、水电站及水库的主要参数选择进行了详细论述；再次，阐述了水电站的特点及设计；最后，讲述了生态河道治理与设计。本书对从事水利水电工程的研究学者与工作者有学习和参考的价值。

　　在相关内容的撰写、资料查阅、收集和整理以及审校等工作过程中，作者参阅了大量的资料，并引用了大量的论文材料，在此向原作者表示诚挚的谢意。若在参考文献中未说明的，实为疏漏所致，作者在此向原作者表示歉意。由于作者水平有限，书中难免会出现不足之处，希望各位读者和专家能够提出宝贵意见，以待进一步修改，使之更加完善。

作者

2023 年 10 月

目　录

第一章　水资源开发利用工程

第一节　地表水资源开发利用工程

一、引水工程

引水工程是借重力作用把水资源从源地输送到用户的措施。近年来，人类社会为了满足经济发展和社会进步的需求，许多国家积极发展水利事业，通过引水工程解决水资源匮乏以及水资源分配不均的问题。引水工程是为了满足缺水地区的用水需求，对水资源进行重新分配，从水量丰富的区域转移到水资源匮乏区域。它能够有效地解决水资源地区分布不均和供需矛盾等问题，对水资源匮乏地区的发展和水资源综合开发利用具有重要的意义。引水工程不仅能够缓解水资源匮乏地区的用水矛盾，而且改善了人们的生产以及生活条件，同时促进了当地经济社会的快速发展。

（一）我国引水工程概况

引水工程始建于 20 世纪 50 年代，主要用于城市生活、农业灌溉、改善环境以及航运。据不完全统计，世界已建、在建和拟建的引水工程已达 340 多项，分布在 39 个国家。

我国水利工程历史悠久，据记载，最早的水利工程建于公元前 5 000 年前。我国历史上著名的引水工程有灵渠工程、都江堰工程、郑国渠工程、京杭大运河工程等。在当代，又有一大批引水工程先后建成，例如红旗渠、引滦入津、引黄济青、黄河万家寨、南水北调工程等。

（二）长距离引水工程

长距离引水是一项引水距离相对较远、供水流量相对较大、供水历时相对较长的引水工程。长距离引水工程中主要会遇到的问题有：水源的取水口的选择，引水管线路径的选择，引水管材的选择，整体工程经济效益的考察，沿途生态环境的影响，引水水质、水量的变化等。

1. 水源污染

长距离引水工程中，水源水质是引水工程的基础。我国幅员辽阔，各地根据自身情况决定用水水源。水源按其存在形式一般可分为地表水源和地下水源两大类，而饮用水水源主要采用地表水源。

江河水是地表水的主要水源。由于江河水主要来源于雨雪，受地理位置、季节的影响很大。水质方面与地下水有截然不同的特点，水中杂质含量较高，浊度高于地下水。河水的卫生条件受环境的影响很大。一般来说，河流上游水质较好，下游水质较差；流量大时，污染物得到稀释，水质稍好，流量越小，水质越差。水的温度季节性变化很大。用地表水做水源，一般都须经过混凝、沉淀、过滤等处理，污染严重的还要进行深度处理。但地表湖泊和水库水体大，水量充足，流动性小，停留时间长，水中营养成分高，浮游生物和藻类多，不利于水质处理；蒸发量大，使水体浓缩，因而含盐量高于江河水。沉淀作用明显，浊度较江河水低，水质、水量稳定。

2. 季节性水质威胁

自 20 世纪 70 年代以来，包括中国在内的许多国家都发生过湖泊水质在短短几天内严重恶化，水体发黑发臭，大量鱼类死亡的现象。这种现象的实质是沉积物生物氧化作用对水质变化的影响，这种突发性水质恶化现象称为湖泊黑潮。科学研究表明，湖泊黑潮现象往往发生在秋季。入秋后，沉降于湖底的有机质在微生物作用下发生分解，湖底处于缺氧状态，出现 pH 值降低、亚硝酸根浓度增高的状态。恶性循环进一步导致水体缺氧加剧，硫化物的扩散使水体变黑发臭。当气温骤然下降，湖泊上层水温低于湖底水温，导致沉积物微粒再悬浮作用，加剧水质恶化。随着水体耗氧与复氧过程的平衡和水流输送，水质可望在一段时间（如 2~3 个月）内得到好转。在湖泊水质变化的自然过程中，人类对水体的干扰，如工业污染物和生活污染物的排放导致了湖泊黑潮的产生。

3. 现有水源水量保障能力不足

水资源是城市基础性自然资源，也是支撑城市发展的战略性资源。对于城市来讲，附近流域内水源和地下水是保障城市供水的主要水资源，是保障城市建设和发展战略的重要组成部分。我国南方降雨频繁，河水水量充沛；北方雨水少，河水流量冬夏相差很大，旱季许多河流断流，严寒地带，冬季河流封冻，引水和取水困难。部分城市由于连续干旱少雨，使流域内水源出现断流和地下水长期处于超采状态，应急水源地超限运行，供水能力持续下降，地下水资源的战略储备明显不足，无论是在水资源安全保障性，还是水资源开发保护程度方面，与水量充沛的城市相比，还存在较大差距；同时，流域河流断流和地下水位持续下降还带来一系列生态环境问题。因此，根据城市水资源的现实状况，应给予高度重视，有针对性地开展长距离引水的水资源储备研究工作，提高水资源的支撑能力和改善生态环境。

二、蓄水工程

（一）蓄水工程分类

①拦河引水工程。按一定的设计标准，选择有利的河势，利用有效的汇水条件，在河道软基上修建低水头拦河溢流坝，通过拦河坝将天然降水产生的径流汇集并抬高水位，为农业灌溉和居民生活用水提供保障的集水工程。

②塘坝工程。按一定的设计标准，利用有利的地形条件、汇水区域，通过挡水坝将自然降水产生的径流存起来的集水工程。拦水坝可采用均质坝，并进行必要的防渗处理和迎水坡的防浪处理，为受水地区和村屯供水。

③方塘工程。按一定的设计标准，在地表下与地下水转换关系密切地区截集天然降水的集水工程。为增强方塘的集水能力，必要时要附设天然或人工的集雨场，加大方塘集水的富集程度。

④大口井工程。建设在地下水与天然降水转换关系密切地区的取水工程，也是集水工程的一个组成部分。

（二）蓄水灌溉工程

调蓄河水及地面径流以灌溉农田的水利工程设施。包括水库和塘堰。当河川径流与灌溉用水在时间和水量分配上不相适应时，需要选择适宜的地点修筑水库、塘堰和水坝等蓄水工程。

蓄水工程分水库和塘堰两种。中国规定蓄水库容积标准：库容大于1亿立方米的为大型水库；0.1亿~1亿立方米的为中型水库；小于0.1亿立方米的为小型水库。大型水库又分为两类：库容大于10亿立方米的为大Ⅰ型水库，库容在1亿~10亿立方米为大Ⅱ型水库。小型水库也分成两类：库容在100万~1000万立方米的为小Ⅰ型水库；10万~100万立方米的为小Ⅱ型水库；小于10万立方米的为塘堰。

1. 水库

有单用途的，如灌溉水库、防洪水库；有多用途的，即兼有灌溉、发电、防洪、航运、渔业、城市及工业供水、环境保护等（或其中几种）综合利用的水库。

水利枢纽工程一般由水坝、泄水建筑物和取水建筑物等组成。水坝是挡水建筑物，用于拦截河流、调蓄洪水、抬高水位以形成蓄水库。泄水建筑物是把多余水量下泄，以保证水坝安全的建筑物。有河岸溢洪道、泄水孔、溢流坝等形式。取水建筑物是从水库取水，供灌区灌溉、发电及其他用水需要，有时还用来放空水库和施工导流。放水管一般设在水坝底部，装有闸门以控制放水流量。

库址选择要考虑地形条件、水文地质条件和经济效益等。平坦开阔、集水面积大，则可以以较小的工程量获得较大的库容。此外，还要综合考虑枢纽布置及施工条件，如土石坝的坝址附近要有高程适当的鞍形哑口，以便布设河岸溢洪道。坝基和大坝两端山坡的地质条件要好，岩基要有足够的强度、抗水性（不溶解、不软化）和整体性，不能有大的裂隙、溶洞、风化破碎带、断层及沿层面滑动等不良地质条件。非岩基也要求有足够的承载能力、土层均匀、压缩性小、没有软弱的或易被水流冲刷的夹层存在。坝址附近要有足够可供开采的土、砂、石料等建筑材料和较开阔的堆放场地等。水库的集水面积和灌溉面积的比例应适当，并接近灌区，以节省渠系工程量和减少渠道输水损失。此外，还应尽可能考虑水库的多种功能，取得较高的综合效益。

从山谷水库引水灌溉的方式有三种。

①坝上游引水。通过输水洞将库水直接引入灌溉干渠，或在水库适宜地点修建引水渠首枢纽。

②坝下游引水。将库水先放入河道，再在靠近灌区的适当位置修筑渠首工程，将水引入灌区。适用于灌区距水库较远的地方。

③坝上游提水灌溉，在蓄水后再由提水设备将水输入灌溉干渠。

平原水库，即在平原洼地筑堤建闸，拦蓄河道及地表径流，以蓄水灌溉或蓄滞洪水，有的还可用于生活供水和养殖。

2. 塘堰

主要拦蓄当地地表径流。对地形和地质条件的要求较低，修建和管理均较方便，可直接放水入地。塘堰广泛分布在南方丘陵山区。如湖北省梅川水库灌区，有塘堰6 000多处，总蓄水量达1 300万立方米，基本上可满足灌区早稻用水。

三、输水工程

（一）输水管道

从水库、调压室、前池向水轮机或由水泵向高处送水，以及埋设在土石坝坝体底部、地面下或露天设置的过水管道。可用于灌溉、水力发电、城镇供水、排水、排放泥沙、放空水库、施工导流配合溢洪道宣泄洪水等。其中，向水轮机或向高处送水的管道，因其承受较大的内水压力，故称压力水管；埋设在土石坝底部的管道，称为坝下埋管；埋在地下的管道，称为暗管或暗渠。

坝下埋管由进口段（进水口）、管身和出口段三部分组成。管内水流可以是具有自由水面的无压流，也可以是充满水管的有压流。进口段可采用塔式或斜坡式，内设闸门等控制设备。无压埋管常用圆拱直墙式，由混凝土或浆砌石建造；有压埋管多为圆形钢筋混凝土管。进口高程根据运用要求确定。除用于引水发电的埋管，管后接压力水管外，其他用途的坝下埋管出口均须设置消能防冲设施。埋管的断面尺寸取决于运用要求和水流形态；对有压管，可根据设计流量和上下游水位，按管流计算，并保证洞顶有一定的压力余幅；对无压管，可根据进口压力段前后的水位，按孔口出流计算过流能力，洞内水面线由明渠恒定非均匀流公式计算。管壁厚度按埋置方式（沟埋式、上埋式或廊道式），经计算并参考类似工程确定。

长距离输水工程，管材的选择至关重要，它既是保证供水系统安全的关键，又是决定工程造价和运行经费所在。目前国内用于输水的管道，主要有钢管、预应力钢筒混凝土管（PCCP 管）、球墨铸铁管、夹砂玻璃钢管和 TPEP 防腐钢管。

1. 预应力钢筒混凝土管（PCCP 管）

PCCP 管兼有钢管和钢筋混凝土管的优点，造价比钢管低，可以承受较高的工作压力和外部荷载，接口采用钢板冷加工成形，加工精度高。采用双橡胶圈，密封性能好，接口较为简单，在每根管插口的密封圈之间留有试压接口，调试方便，使用寿命长。

缺点是：

①重量大、质地脆、切凿困难、施工难度相对较大。

②最大偏转角为 1.5°，因此 PCCP 管对地形适应能力差。

③PCCP 管壁厚度远大于钢管，其采用柔性接口连接，对基础及回填土要求较高。

④PCCP 管由于单节重量大，安装时对吊装设备要求高，工作面宽度要求比钢管宽，且受周边环境影响较大，不如钢管安装灵活。

⑤承插口钢圈比较容易被腐蚀，因此，使用前必须做好防腐处理。

2. 球墨铸铁管

球墨铸铁管是 20 世纪 50 年代发展起来的新型管材，它具有较高的强度和延伸率，其机械性能可以和钢管媲美，抗腐性能又大大超过钢管，采用"T"型滑入式连接，也可做法兰连接，施工安装方便。

缺点是：

①球墨铸铁管比钢管壁厚 1.5~2 倍，单位长度造价比较高，连接方式比较复杂，笨重。

②对地形的适应能力比钢管差一些。需要做牢砂垫层的铺设等基础工作。

③球墨铸铁管在 DN500~1 200 区间，价格比 TPEP 防腐钢管高。

3. 夹砂玻璃钢管

优点是材料强度高，密封性好，重量轻，管道内壁光滑，相应水头损失小，具有良好的防腐性，管道维修方便快捷。特别是由于管道轻，安装时不需要大型起吊设备，在现场建厂时间短且费用低。

缺点是管道为柔性管道，抗外压能力相对较差，对沟槽回填要求高，回填料应是粗粒土，回填料的压实度应达到95%。该管材多用于压力较低的给排水领域。由于耐压低，用量及用途有限。另外，压力大于1.0MPa的价格相对较高。

4. TPEP 防腐钢管

优点是：

①集钢管的机械强度和塑料的耐蚀性于一身，外壁3PE涂层厚度2.5~4mm，耐腐蚀耐磕碰。

②内壁摩阻系数小，0.0081~0.091，输送同等流量可以降低一个口径级别。

③内壁达到国家卫生标准，光滑不易结垢，具有自清洁功能。

④TPEP防腐钢管是涂塑钢管的第四代防腐产品，防腐性能强，自动化程度高，综合成本低。

缺点是施工比较慢，焊接要求较高。

任何一种产品没有十全十美，各有利弊，因此在对输水管道进行选材时必须考虑地质条件土壤及其周边环境、防腐要求以及投资成本和运行成本等事项。

坝下埋管在中小型灌溉工程中应用较多。引水发电的坝下埋管，多用廊道式，压力管道位于廊道内，廊道只承受填土和外水压力。这种布置方式可避免内水外渗，影响坝体安全，并便于检查和维修。廊道在施工期还可用来导流。中国河北省岳城水库采用坝下埋管泄洪和灌溉，总泄量达 4 200m³/s。

埋设在地面下的输水管道可以是由混凝土、钢筋混凝土（包括预应力钢筋混凝土）、钢材、石棉、水泥、塑料等材料做成的圆管，也可以是由浆砌石、混凝土或钢筋混凝土做成的断面为矩形、圆拱直墙形或箱形的管道。圆管多用于有压管道。矩形和圆拱直墙形用于无压管道。箱形可用于无压或低压管道。

埋没在地下用于灌溉或供水的暗渠与开敞式的明渠相比，具有占地少，渗漏、蒸发损失小，减少污染，管理养护工作量小等优点，但所用建筑材料多，施工技术复杂，造价高，适用于人多地少，水源不足，渠线通过城市或地面不宜为明渠占用的地区。为便于管理，对较长的暗渠可以分段控制，沿线设通气孔和检查孔。在南水北调中大口径2m以上采用的是PCCP管，发挥了PCCP的大口径管造价及性能高的优势，低于1.2m的采用的是TPEP防腐钢管（外3PE内熔结环氧防腐钢管），主要是针对地形复杂、压力较高的路段，发挥了钢管的机械强度和防腐材料的耐蚀性，在 500~1 200 区间的口径，性价比高。

（二）输水建筑物

输水建筑物是连接上下游引输水设置的水工建筑物的总称。当引输水至下游河渠，引水建筑物即输水建筑物。当引输水至水电厂发电，则输水建筑物包括引水建筑物和尾水建筑物。

输水建筑物是把水从取水处送到用水处的建筑物，它和取水建筑物是不可分割的。

输水建筑物可以按结构形式分为开敞式和封闭式两类，也可按水流形态分为无压输水和有压输水两种。最常用的开敞式输水建筑物是渠道，自然它只能是无压明流。封闭式输水建筑物有隧洞及各种管道（埋于坝内的或者露天的），既可以是有压的，也可以是无压的。

输水建筑物除应满足安全、可靠、经济等一般要求外，还应保证足够强的输水能力和尽可能小的水头损失。

输水建筑物在运用前、运用中和运用后均可能因设计、施工和管理中的失误，或因混凝土结构缺陷、基础地质缺陷以及随时间的推移，导致其引水隧洞、输水涵管和渠道等产生不同程度的劣化，故及时检查、养护和修理就成为水工程病害处理的重要内容。

输水建筑物分明流输水建筑物和压力输水建筑物两大类。

1. 明流输水建筑物

明流输水建筑物有多种用途，包括供水、灌溉、发电、通航、排水、过鱼、综合等，按其水流流态有稳定与不稳定之分；按其结构形式有渠道、隧洞、高架水槽、坡道水槽、坡道上无压水管、渡槽、倒虹吸管等多种形式。

渠道是明流输水建筑物中最常用的一种，渠侧边坡是否稳定是关注的重点之一。控制渠道漏水也是渠道修建中的重要问题，水槽用于山区陡坡、地质条件不良的情况，或因修建渠道造价很高而用之。放在地面上的为座槽，架在栈桥上的为高架水槽。

隧洞是另一种应用广泛的明流输出建筑物。隧洞的断面形式与所经地区的工程地质条件密切相关。坚固稳定岩体中的明流输水隧洞可不用衬砌，必要时采用锚杆加固或喷混凝土护面。有的为减少糙率和防渗对洞壁做衬砌；有的为支承拱顶山岩压力，只对拱顶衬砌；有的则全部衬砌。

明流水管也可作为明流输水道的组成部分，一般用钢筋混凝土制成。

渡槽是一种用于跨越河流或深山谷所用的输水建筑物。一般布置在地质条件良好，地形条件有利的地段。大型渡槽的支承桥常采用拱桥。

倒虹吸管是另一种跨越式输水建筑物，也布置在地质条件良好、河谷岸坡稳定、地形有利的地段。

明流输水道上还设置有调节流量的一些建筑物，如节水闸和分水闸、溢水堰和泄水闸、排水闸等。

2. 压力输水建筑物

压力输出建筑物用于水力发电、供水、灌溉工程。其运行特点是满流、承压，其水力坡线高于无压输水建筑物。

压力输水建筑物有管道和隧洞两种形式。管道按其材料可分为钢管、钢筋混凝土管、木管等。安放在地面上的管道叫明管，埋入地下的称埋管。压力隧洞一般为深埋，上有足够的覆盖岩层厚度，并选在地质条件比较好、山岩压力较小的地区。

压力输水建筑物承受的基本荷载有建筑物自重、水重、管内式洞内的静水压力、动水压力、水击压力、调压室内水位波动产生的水压力、转弯处的动水压力、隧洞衬砌上的山岩压力及温度荷载。特殊荷载有水库或前池最高蓄水位时的静水压力、地震荷载等。压力隧洞从结构形式上分为无衬砌（包括采用喷锚加固的）、混凝土衬砌、钢筋混凝土衬砌、钢板衬砌等；从承受的内水压力水头来分，可分为低压隧洞和高压隧洞。

坝内埋钢管在坝后式电站中经常采用。一般有三种布置方式：管轴线与坝下游面近于平行、平式或平斜式、坝后背管。钢管一般外围混凝土。

四、扬水工程

（一）水泵

水泵是输送液体或使液体增压的机械。它将原动机的机械能或其他外部能量传送给液体，使液体能量增加，主要用来输送液体包括水、油、酸碱液、乳化液、悬乳液和液态金属等。

也可输送液体、气体混合物以及含悬浮固体物的液体。水泵性能的技术参数有流量、吸程、扬程、轴功率、水功率、效率等；根据不同的工作原理可分为容积水泵、叶片泵等类型。容积泵是利用其工作室容积的变化来传递能量；叶片泵是利用回转叶片与水的相互作用来传递能量，有离心泵、轴流泵和混流泵等类型。

1. 离心泵

水泵开动前，先将泵和进水管灌满水，水泵运转后，在叶轮高速旋转而产生的离心力的作用下，叶轮流道里的水被甩向四周，压入蜗壳，叶轮入口形成真空，水池的水在外界大气压力下沿吸水管被吸入补充了这个空间。继而吸入的水又被叶轮甩出，经蜗壳而进入出水管。由此可见，若离心泵叶轮不断旋转，则可连续吸水、压水，水便可源源不断地从低处扬到高处或远方。综上所述，离心泵是由于在叶轮的高速旋转所产生的离心力的作用下，将水提向高处的，故称离心泵。

离心泵的一般特点为：

①水沿离心泵的流经方向是沿叶轮的轴向吸入，垂直于轴向流出，即进出水流方向互成 90°。

②由于离心泵靠叶轮进口形成真空吸水，因此在启动前必须向泵内和吸水管内灌注引水，或用真空泵抽气，以排出空气形成真空，而且泵壳和吸水管路必须严格密封，不得漏气，否则形不成真空，也就吸不上水来。

③由于叶轮进口不可能形成绝对真空，因此离心泵吸水高度不能超过 10 米，加上水流经吸水管路带来的沿程损失，实际允许安装高度（水泵轴线距吸入水面的高度）远小于 10 米。如安装过高，则不吸水。此外，由于山区比平原大气压力低，因此同一台水泵在山区，特别是在高山区安装时，其安装高度应降低，否则也吸不上水来。

2. 轴流泵

轴流泵的工作原理与离心泵不同，它主要是利用叶轮的高速旋转所产生的推力提水。轴流泵叶片旋转时对水所产生的升力，可把水从下方推到上方。

轴流泵的叶片一般浸没在被吸水源的水池中。由于叶轮高速旋转，在叶片产生的升力作用下，连续不断地将水向上推压，使水沿出水管流出。叶轮不断地旋转，水也就被连续压送到高处。

轴流泵的一般特点：

①水在轴流泵的流经方向是沿叶轮的轴向吸入、轴向流出，因此称轴流泵。

②扬程低（1~13 米）、流量大、效益高，适用于平原、湖区、河区排灌。

③启动前无须灌水，操作简单。

3. 混流泵

由于混流泵的叶轮形状介于离心泵叶轮和轴流泵叶轮之间，因此，混流泵的工作原理既有离心力又有升力，靠两者的综合作用，水则以与轴组成一定角度流出叶轮，通过蜗壳室和管路把水提向高处。

混流泵的一般特点：

①混流泵与离心泵相比，扬程较低，流量较大；与轴流泵相比，扬程较高，流量较低。适用于平原、湖区排灌。

②水沿混流泵的流经方向与叶轮轴成一定角度而吸入和流出的，故又称斜流泵。

（二）泵站

泵站是能提供有一定压力和流量的液压动力和气压动力的装置（设备），又称为泵；

排灌泵站的进水、出水、泵房等建筑物的总称。

1. 污水泵站

污水泵站是污水系统的重要组成部分，特点是水流连续，水流较小，但变化幅度大，水中污染物含量多。因此，设计时集水池要有足够的调蓄容积，并应考虑备用泵。此外，设计时尽量减少对环境的污染，站内要提供较好的管理、检修条件。污水泵站分为两种：

①设置于污水管道系统中，用以抽升城市污水的泵站。作用就是提升污水的高程，因为污水管不像给水管（自来水），是没有压力的，靠污水自身的重力自流的，由于城市截污网管收集的污水面积较广，离污水处理厂距离较远，不可能将管道埋得很深，所以需要设置泵站，提升污水的高程。

②设置于污水处理厂内用来提升污水的泵站，作用是为后续的工艺提供水流动力。一般来说，污水提升的高度是从污水处理后排放的尾水的高程减去水头损失，倒推计算出来的。

2. 雨水泵站

雨水泵站是指设置于雨水管道系统中或城市低洼地带，用以排除城区雨水的泵站。雨水泵站不仅可以防积水，还可供水。

第二节 地下水资源开发利用工程

一、管井

井径较小，井深较大，汲取深层或浅层地下水的取水建筑物。打入承压含水层的管井，如水头高出地面时，又称自流井。

管井是垂直安置在地下的取水或保护地下水的管状构筑物，是工农业生产、城市、交通、国防建设的一种给排水设施。

（一）管井种类

根据用途分为供水井、排水井、回灌井。按地下水的类型分为压力水井（承压水井）和无压力水井（潜水井）。地下水能自动喷出地表的压力水井称为自流井。按井是否穿透含水层分为完整井和非完整井。

（二）管井结构

管井由井口、井壁管、滤水管和沉沙管等部分组成。管井的井口外围，用不透水材料封闭，自流井井口周围铺压碎石并浇灌混凝土。井壁可用钢管、铸铁管、钢筋混凝土管或塑料管等。钢管适用的井深范围较大，铸铁管一般适于井深不超过 250 m。

钢筋混凝土管一般用于井深 200~300 m，塑料管可用于井深 200 m 以上。井壁管与过滤器连成管柱，垂直安装在井孔当中。井壁管安装在非含水层处，过滤器安装在含水层的采水段。在管柱与孔壁间环状间隙中的含水层段填入经过筛选的砾石，在砾石上部非含水层段或计划封闭的含水层段，填入黏土、黏土球或水泥等止水物。

（三）管井设计

包括井深、开孔和终孔直径、井管及过滤器的种类、规格、安装的位置及止水、封井等。井深取决于开采含水层的埋藏深度和所用抽水设备的要求。开孔和终孔直径，根据安装抽水设备部位的井管直径、设计安装过滤器的直径及人工填料的厚度而定。井管和过滤器的种类、规格、安装的位置，沉淀管的长度和井底类型，主要根据当地水文地质条件，并按照设计的出水量、水质等要求决定。井管直径须根据选用的抽水设备类型、规格而定。常用的井管有无缝钢管、钢板卷焊管、铸铁管、石棉水泥管、聚氯乙烯、聚丙烯塑料管、水泥管、玻璃钢管等。止水、封井取决于对水质的要求，不良水源的位置和渗透、污染的可能性。设计中须规定止水、封井的位置和方法及其所用材料的质量。

松散层取水管井设计在高压含水层、粗砂以上的取水层，以及某些极破碎的基岩层水井中，可采用缠丝过滤器或包网过滤器。中砂、细砂、粉砂层，可采用由金属或非金属的管状骨架缠金属丝或非金属丝，外填砾石组成的缠丝填砾过滤器，以防止含水层中的细小颗粒涌进井内，保证井的使用寿命，还可增大过滤器周围的孔隙率和透水性，从而减少进水时的水头损失，增加单井出水量。填砾厚度，根据含水层的颗粒大小决定，一般为 75~150mm。沉淀管长度，一般为 2~10 m，其下端要安装在井底。

基岩中取水管井设计如全部岩层为坚硬的稳定性岩石时，无须安装井管，以孔壁当井管使用。当上部为覆盖层或破碎不稳定岩石，下部也有破碎不稳定岩石时，应自孔口起安装井管，直到稳定岩石为止。其中，含水层处如有破碎带、裂隙、溶洞等，应根据含水岩层破碎情况安装缠丝、包网过滤器或圆孔或条孔过滤器。

（四）管井施工

包括钻井、井管安装、填砾、止水封井、洗井等工作。

1. 钻井方法

常用的钻井方法有冲击钻进法、回转钻进法、冲击回转钻进法。

2. 井管安装

根据不同井管、钻井设备而采用不同的安装方法。主要有：①钢丝绳悬吊下管法。适用于带丝扣的钢管、铸铁管，以及有特别接头的玻璃钢管、聚丙烯管及石棉水泥管，拉板焊接的无丝扣钢管，螺栓连接的无丝扣铸铁管，黏接的玻璃钢管，焊接的硬质聚氯乙烯管。②浮板下管法。适用于井管总重超过钻机起重设备负荷的钢管或超过井管本身所能承受的拉力的带丝扣铸铁井管。③托盘下管法。适用于水泥井管，砾石胶结过滤器及采用制焊接头的大直径铸铁井管。

3. 填砾

填砾方法有：静水填入法，适用于浅井及稳定的含水层；循环水填砾法，适用于较深井；抽水填砾法，适用于孔壁稳定的深井。

4. 止水封井

根据管井对水质的要求进行止水、封井，其位置应尽量选择在隔水性好、井壁规整的层位。供水井应进行永久性止水、封井，并保证止水、封井的有效性，所用材料不能影响水质。永久性止水、封井方法有黏土和黏土球围填法、压力灌浆法。所用材料为黏土、黏土球及水泥。

5. 洗井

为了清除井内泥浆，破坏在钻进过程中形成的泥浆壁、抽出井壁附近含水层的泥浆，过细的颗粒及基岩含水层中的充填物，使过滤器周围形成一个良好的滤水层，以增大井的出水量。常用的洗井方法有活塞洗井法、压缩空气洗井法、冲孔器洗井法、泥浆泵与活塞联合洗井法、液态二氧化碳洗井法及化学药品洗井法等。这些洗井方法用于不同的水文地质条件与不同类型的管井，洗井效果也不相同，应因地制宜地加以选用。

（五）使用维护

如使用维护不当，将使管井出水量减少、水质变坏，甚至使井报废。管井在使用期中应根据抽水试验资料，妥善选择管井的抽水设备。所选用水泵的最大出水量不能超过井的最大允许出水量。管井在生产期中，必须保证出水清、不含砂；对于出水含砂的井，应适当降低出水量。在生产期中还应建立管井使用档案，仔细记录使用期中出水量、水位、水温、水质及含砂量变化情况，以随时检查、维护。如发现出水量突然减少、涌砂量增加或水质恶化等现象，应立即停止生产，进行详细检查修理后，再继续使用。一般每年测量一次井的深度，与检修水泵同时进行，如发现井底淤砂，应进行清理。季节性供水井，很容易造成过滤器堵塞而使出水量减少。因此，在停用期间，应定期抽水，以避免过滤器堵塞。

二、大口井

井深一般不超过 15m 的水井，井径根据水量、抽水设备布置和施工条件等因素确定，一般为 5~8m，不宜超过 10m。地下水埋藏一般在 10m 内，含水层厚度一般在 5~15m，适用于任何砂、卵、砾石层，渗透系数最好在 20m/d 以上，单井出水量一般 500~10 000 m^3/d，最大为 20 000~30 000m^3/d。

大口井适用于地下水埋藏较浅、含水层较薄且渗透性较强的地层取水，它具有就地取材、施工简便的优点。

大口井按取水方式可分为完整井和非完整井，完整井井底不能进水，井壁进水容易堵塞，非完整井井底能够进水。

按几何形状可分为圆筒形和截头圆锥形两种。圆筒形大口井制作简单，下沉时受力均匀，不易发生倾斜，即使倾斜后也易校正；截头圆锥形大口井具有下沉时摩擦力小、易于下沉，但下沉后受力情况复杂、容易倾斜、倾斜后不易校正的特点。一般来说，在地层较稳定的地区，应尽量选用圆筒形大口井。

三、辐射井

一种带有辐射横管的大井。井径为 2~6m，在井底或井壁按辐射方向打进滤水管以增大井的出水量，一般效果较好。滤水管多者出水量能增加数倍，少的也能增加 1~2 倍。

设有辐射管（孔）以增加出水量的水井。辐射井按集水类型可分为集取河床渗透水型、同时集取河床渗透水与岸边地下水型、集取岸边地下水型、远离河流集取地下水型四种。

位置选择的原则有以下三点：

第一，集取河床渗透水时，应选河床稳定、水质较清、流速较大，有一定冲刷能力的直线河段。

第二，集取岸边地下水时，应选含水层较厚、渗透系数较大的地段。

第三，远离地表水体集取地下水时，应选地下水位较高、渗透系数较大，地下补给充沛的地段。

四、复合井盖

（一）产品介绍

（1）采用不饱和聚酯树脂为基体的纤维增强热固性复合材料，又称为团块模塑料（DMC），用压制成形技术制成，是一种新型的环保型盖板。复合井盖采用高温高压一次模压成形技术，聚合度高、密度大，有良好的抗冲击和拉伸强度，具有耐磨、耐腐蚀、不生锈、无污染、免维护等优点。

（2）产品特性

复合井盖内部使用网状钢筋增强，关键受力部分特殊加强，在发生不可避免的外力冲击时，可迅速分散压力保证人车安全。

不含金属，石塑井盖和混凝土井盖钢筋骨架还不到井盖总重的 1/10，没有多大的偷盗价值。而且由于井盖强度极高，要从井盖内取出这点儿钢筋是极难的。

（二）特点

①强度高。具有很高的抗压、抗弯、抗冲击的强度，有韧性。长期使用后该产品不会出现井盖被压碎及损坏现象，能彻底杜绝"城市黑洞"事故的发生。

②外观美。表面花纹设计精美，颜色亮丽可调，美化城市环境。

③使用方便，重量轻。产品重量仅为铸铁的三分之一左右，便于运输、安装、抢修，大大减轻了劳动强度。

④无回收价值，自然防盗。根据客户需要并设有锁定结构，实现井内财物防盗。

⑤耐候性强。井盖通过科学的配方、先进的工艺、完善的技术设备使该产品能在 $-50℃\sim+300℃$ 环境中正常使用。

⑥耐酸碱、耐腐蚀、耐磨、耐车辆碾压，使用寿命长。

（三）技术特征

复合井盖在技术上有以下方面的特点：

复合井盖采用最新高分子复合材料，以钢筋为主要的内部骨架，经过高温模压生产而成，强度最高可以承受 50 吨的重量。

井盖重量轻，方便运输和安装，可以大大地减轻劳动强度。全新树脂井盖具有很好的防盗性能，因为合成树脂材料无回收的价值，有效地杜绝了"城市黑洞"的出现。

复合井盖精度高、耐腐蚀，经过高温模压生产，具有很好的耐酸碱、耐腐蚀的能力，有效地延长了树脂井盖的使用寿命。

（四）安装特征

①为保持盖外表的美观，表面花纹和字迹的清晰，在沥青路面施工时应用薄铁皮或木板覆盖在井盖上，黑色井盖也可用废机油等刷涂盖面，防止沥青喷在井盖上。

②井盖的砖砌体砌筑，应按照设计院设计的井盖尺寸确定其内径或者说长×宽、方圆，

也可相应参照标准执行，并在井盖外围浇筑宽为 40cm 的混凝土保护圈，保养期要在 10 天以上。

③在沥青路面上安装井盖时，一定要注意避免施工机械直接碾压井座，在路面整体浇筑时，应在路面预留比井座略大的孔，在沥青铺完后安置。

④混凝土将井座浇筑或沥青铺设后，应及时将井盖打开清洗，避免砂浆或沥青将检查井盖与井座浇成一体，以免影响日后开启。

（五）安装过程

在安装复合井盖时要按照以下四个步骤：

①在安装之前，井盖地基要整齐坚固，要按井盖的尺寸确定内径以及长和宽。

②在水泥路面安装复合井盖的时候，要注意井口的砌体上要使用混凝土浇筑好，还要在外围建立混凝土保护圈，保养 10 天左右。

③在沥青路面安装复合井盖要注意避免施工的机械直接地碾压井盖和井座，以免发生损坏。

④为了保持井盖的美观以及字迹、花纹的清晰，在路面浇注沥青和水泥要注意不要弄脏井盖。

五、截潜流工程

截潜流工程又称地下拦河坝，是在河底砂卵石层内，垂直河道主流修建截水墙，同时在截水墙上游修筑集水廊道，将地下水引入集水井的取水工程。适应于谷底宽度不大、河底砂卵石层厚度不大而潜流量又较大的地段。集水廊道的透水壁外一般应设置反滤层，廊道坡度以 1/200～1/50 为宜。集水井设置于廊道出口处，井的深度应低于廊道 1～2m，以便沉砂和提水。截潜流工程是综合开发河道地表和地下径流的一种地下集水工程，其一般由截水墙、进水部分、集水井、输水部分等组成。其工程类型按截潜流的完成程度，可分为完整式和非完整式两种，完整式截水墙穿透含水层，非完整式没有穿透含水层，只拦截了部分地下水径流。

第三节　河流取水与污水资源化利用工程

一、河流取水工程

（一）江河取水概说

1. 江河水源分布广泛

江河在水资源中具有水量充沛、分布广泛的特点，常作为城市和工矿供水水源。

2. 江河取水的自然特性

江河取水受自然条件和环境影响较大，必须充分了解江河的径流特点，因地制宜地选择取水河段。特别是北方各地，河流的流量和水位受季节影响，洪、枯水量变化悬殊，冬季又有冰情能形成底冰和冰屑，易造成取水口堵塞。为保证取水安全，必须周密调查，反复论证。

3. 全面了解河道的冲淤变化

河道在水流作用下，不断地发生着平面形态和断面形态的变化，这就是通常所说的河道演变。河道演变是河流水沙状况和泥沙运动发展的结果，不论是南方北方，还是长江黄河，挟带泥沙的水流在一定条件下可以通过泥沙的淤积而使河床抬高，形成滩地，也可以通过水流的冲刷而使河岸坍塌，河道变形。泥沙有时可能会被紊动的水流悬浮起来形成悬移质泥沙；有时也可因水流条件的改变而下沉到河流床面，在河床上推移运动，成为推移质泥沙。当水流挟带能力更小时，推移质或悬移质泥沙还能淤积在河床上成为河床质泥沙。在河流中，悬移质、推移质泥沙和河床质泥沙间的这种不断交替变化的过程，就是河道冲刷和淤积变化的过程。冲淤演变常造成主流摆动，取水口脱流而无法取水。

（二）河流的一般特性

河流大致分为山区河流和平原河流两大类。对于较大的河流，其上游多为山区河道，下游多为平原河道，而上下游之间的中游河段，则兼有山区和平原河道的特性。

1. 山区河流

山区河道流经地势高峻、地形复杂的山区，在其发育过程中以河流下切为主，其河道断面一般呈 V 字形或 U 字形。

在陡峻地形的约束下，河床切割深达百米以上，河槽宽仅二三十米，宽深比一般小于100，洪水猛涨猛落是山区河流的重要水文特点，往往一昼夜间水位变幅可达 10m 之巨，山区河流的水面比降常在 1‰ 以上，如黄河上游的平均比降达 10‰。由于比降大，流速高，挟沙能力强，含沙量常处在非饱和状态，有利于河流向冲刷方向发展。

2. 平原河道

平原河道按其平面形态，可分为四种基本类型，即顺直型、弯曲型、分汊型和游荡型。

（1）顺直型河段

该类河流在中水时，水流顺直微弯，枯水时则两岸呈现犬牙交错的边滩，主流在边滩侧旁弯曲流动并形成深槽。

（2）弯曲型河段

该型河段是平原河道最常见的河型，其特点是中水河槽具有弯曲的外形，深槽紧靠凹岸，边滩依附凸岸。弯道上的水流受重力和离心力的作用，表层水流向凹岸，底层水流向凸岸，形成螺旋向前的螺旋流。受螺旋流的作用，表层低含沙水冲刷凹岸，使凹岸崩塌并不断后退。

在长期水流作用下。弯曲凹岸的不断崩塌后退，凸岸的不断延伸，会使河湾形成 U 字形。进而使两个湾顶之间距离不断缩短而形成河环，河环形成后，一旦遭遇洪水漫滩，就会在河湾发生"自然裁湾"，从而使河湾处的取水构筑淤塞报废。

（3）分汊型河道

分汊型河道亦称江心洲型河道，其特点是中水河槽分汊，两股河道周期性地消长，在分汊河道的尾部，两股水流的汇合处，其表流指向河心，底流指向两岸，有利于边滩形成。在分汊河段建取水工程，应分析其分流分沙影响与进一步河床的演变发展。

（4）游荡型河段

其特点是中水河槽宽浅、河滩密布、汊道交织、水流散乱、主流摆动不定，河床变化迅速。像黄河花园口河段就是一个游荡型河段的示例，该河段平均水深仅 1~3m。河道很不稳定，一般不宜在该河建设取水工程，如必须在此引水，应置引水口于较狭窄的河段，或采用多个引水口的方案。

（三）河湾的水流结构

1. 天然河道的平面形态

天然河道多处于弯弯相连的状态。据调查，天然河流的直段部分只占全河长的 10%~20%，弯道部分占河长的 80%~90% 以上，所以天然河道基本上是弯曲的，在弯曲河道上布置取水工程应充分了解弯道的水流结构。

2. 弯道的水流运动

由于离心力和水流速度的平方成正比，而河道流速分布是表层大、底层小，离心力的方向是弯道凹岸的方向，因此表层水流向凹岸，使凹岸水面壅高，从而形成横比降。受横比降作用，在断面内形成横向环流。

在环流和河流的共同作用下，弯道水流的表流是指向凹岸，底流指向凸岸的螺旋流运动。螺旋流的表层水流以较大的流速对凹岸形成由上向下的淘冲力，使凹岸受到冲刷而流向凸岸的底流，因挟带大量泥沙，致使凸岸淤积。这种发展的结果便使凹岸成为水深流急的主槽，凸岸则为水浅流缓的边滩。

3. 弯曲河道的水流动力轴线

水流动力轴线又称主流线。在弯道上游主流线稍偏凸岸，进入弯道后主流线逐渐向凹岸过渡，到弯顶附近距凹岸最近成为主流的顶冲点。严格来讲，主流线和顶冲点都因流量不同而有所变化。由于离心力因流速流量而异，水流对凹岸的顶冲点也会因枯水而上提。受洪水而下挫，常水位则处在弯顶左右。高浊度水设计规范中常以深泓线形式表达河道水流的动力轴线，深泓线是沿水流方向河床最大切深点的连线，也是水流动力轴线的直观表述。

为了解河势变化，常对各不同年代的深泓线绘制成套绘图，深泓线紧密的地方均可作为取水口的备选位置。

4. 弯曲河道的最佳引水点

北方河道的洪枯水量相差悬殊，枯水期引水保证率较低，一般只能够引取河道来流的 25%~30%，为了保证取水安全，并免于剧烈淘冲，引水口最好选在顶冲点以下距凹岸起点下游 4~5 倍河宽的地段，或在顶冲点以下 1/4 河湾处。

（四）取水构筑物位置的合理选择

1. 选择取水构筑物位置须收集的资料

取水构筑物的位置选择，是建立在对河段水文状况、河势变化、河相条件及工程地质资料充分分析的基础之上。为此，必须在现场勘查的基础上，收集和占有大量的相关资料。一般来说，须收集的资料包括下列四个方面：

（1）水文资料

①历年洪、枯水位及相应流量、含沙量。

②洪水、中水、枯水及 p＝1%、p＝50%、p＝75% 及 p＝99% 保证率下的相关流量、水位及其水、沙过程资料。

③历年逐日平均含沙量及沙峰过程资料。

④泥沙颗粒分析和级配资料。

⑤水位流量的相关曲线。

⑥各种流量状态（高、中、低）的水面比降记载资料。

⑦河段附近的水利工程情况（已建、在建和规划）。

⑧大型水利设施建设后对河道的运用影响。

⑨历年的水温变化及冰情。

⑩历年洪、枯水位时的水质分析资料和相关资料。

（2）河相资料

①水深、河宽、比降以及河道纵坡。

②平滩流量，相应水深和河宽。

③河床纵断和横断图。

④历年河势变化图，中泓线变迁图。

⑤历年河道平面图。

⑥河床质中粒径及其变化。

⑦河道冲淤变化的记载及相应流量、水位资料。

（3）地质资料

①河道地质纵断面。

②河道地质横断面。

③取水点上下游 1 000m 左右有无基岩露头或防冲控制点。

（4）其他资料

①河段的水利工程规划，航运规划。

②城市和河段的洪水设防标准及防洪工程运用情况。

③河道险情及其工程应对措施。

④附近的取水工程运用情况。

2. 取水河段的冲淤变化分析

河道的冲淤变化，即河道演变，是极其复杂的水、沙过程，影响因素很多。实践中通常采用以下四种方法进行分析研究：

①对天然河道的实测资料进行分析。

②运用泥沙运动理论和河道演变原理进行计算。

③通过河工模型试验，对河道演变和取水构筑物工作状况进行预测。

④用条件相似河段的实测资料进行类比分析。

以上四种方法中，分析天然河道资料是最重要的方法。

3. 天然河道实测资料分析

河道冲淤变化是挟沙水流与河床相互作用的结果，影响河道演变的主要因素有来水来沙、河道比降、河床形态和地质情况等。要紧紧抓住以上因素，找出其互相联系的内在规律，并预测其冲淤发展趋势。

（1）河道平面变化

为找出其平面变化规律，应大量收集历年的河道地形图、河势图，根据坐标系统或控制点位置（如固定断面、永久性水准点、永久性的地形地标志等），分别加以套绘。除套绘平面图外，还可绘制横断图。这样就可分析了解河道纵、横断面形态及其冲淤变化情况。

（2）河道纵向变化

为了解河段的冲淤变化，可将河段历年测得的深泓线（或河床平均高程）绘制在同一坐标图上，便可得到其纵向冲淤变化情况。

根据历年水位、流量实测资料，做同一流量的水位过程线，可以得到历年河床的冲淤变化。特别是对枯水期历年的水位变化分析。一般来说，枯水期河床是比较稳定的，如果在相同枯水流量下水位发生变化，说明河床必有所变化。

（3）来水来沙情况分析

来水来沙条件是影响河道变形演变的主要因素，应进行详细分析以寻求冲淤变化的原因和规律。

（4）河床地质资料分析

河床地质资料是影响冲淤变化的又一重要因素。当河床由松散沙质组成时，河床不太稳定，其变化会比较剧烈；当河床由较难冲刷的土质构成时，河道演变就比较缓慢，河床比较稳定。在分析河床地质情况时，要依据地质钻探资料绘制地质剖面图。

在分析了以上四方面资料后，再根据河道演变的基本原理进行由此及彼的综合分析，便可基本预测出其演变的发展趋势，从而为取水构筑物的选择提供依据。

4. 黄河取水位置选择的几个条件

①取水河段应主流稳定，取水口位置要靠近主流。而且取水口水位的洪枯变化都不应对水质水量产生明显影响。

②河段有支流汇入时，取水口应选择在支流汇入的影响范围之外。

③取水口应选在冰水分层且浮冰能顺流而下的河段。

④取水口应选在工程地质条件良好的河段。

⑤取水口可选在河道比较顺直没有分汊的河段。

⑥尽量选在弯曲河段凹岸的下游。

⑦选在河势控制节点附近。

二、污水资源化利用工程

（一）污水资源化的内涵和意义

污水资源化是指将工业废水、生活污水、雨水等被污染的水体通过各种方式进行处理、净化，使其水质达到一定标准，能满足一定的使用目的，从而可作为一种新的水资源重新利用的过程。污水资源化的核心是"科学开源、节流优先、治污为本"。对城市污水进行再生利用是节约及合理利用水资源的重要且有效途径，也是防止水环境污染及促进人类可持续发展的一个重要方面，它是水资源良性社会循环的重要保障措施，代表着当今的发展潮流，对保障城市安全供水具有重要的战略意义。

（二）污水资源化的实施可行性

随着地球生态环境的日益恶化和人口的快速增长，世界范围内水资源的短缺和破坏状况日益严重。由于污水再生回用不仅治理了污水，同时可以缓解部分缺水状况，因此目前许多国家和地区都积极地开展污水资源化技术的研究与推广，尤其是在水资源日益匮乏的今天，污水再生回用技术已经引起人们的高度重视。

1. 污水回用技术成熟

污水回用已有比较成熟的技术，而且新的技术仍在不断出现。从理论上说，污水通过不同的工艺技术加以处理，可以满足任何需要。目前，国内外有大量的工程实例，将污水再生回用于工业、农业、市政杂用、景观和生活杂用等，甚至有的国家或地区采用城市污水作为对水质有更高要求的水源水。例如，南非的温德霍克市和美国丹佛市已将处理后的污水用作生活饮用水源，将合格的再生水与水库水混合后，经过净水处理送入城市自来水管网，供居民饮用，运行数十年没有出现任何危害人体健康的问题。

2. 水源充足

城市污水厂的建设为污水再生回用提供了充足的源水，而且，污水处理能力还在不断提高，为城市污水再生回用创造了良好的条件，可以保证再生水用量及水质的需求。

3. 公众心理接受程度日趋提高

人们对于不与人体直接接触的各种杂用水普遍持赞成态度。据北京市政设计院调查，作为冲洗厕所、喷洒绿地等杂用水的接受率均超过 90%。同时，人们的承受力与文化层次、对水质的了解、工作性质等有一定的关系。随着我国水处理技术的发展和舆论的正确宣传和引导，人们对污水回用的接受率将越来越高。

（三）污水资源化的原则

1. 可持续发展原则

污水资源化利用既要考虑远近期经济、社会和生态环境持续协调发展，又要考虑区域之间的协调发展；既要追求提高再生水资源总体配置效率最优化，又要注意根据不同用途、不同水质进行合理配置，公平分配；既要注重再生水资源和自然水资源的综合利用形式，又要兼顾水资源的保护和治理。

2. 综合效益最优化原则

再生水资源与其他形式水资源的合理配置，应按照"优水优用，劣水劣用"的原则，科学地安排城市各类水源的供水次序和用户用水次序，最终实现再生水资源的优化配置，使水资源危机的解决与经济增长目标的冲突降至最低，从而取得经济增长和水资源保护的双赢。

3. 就近回用原则

根据污水处理厂所在地理位置、周边地区的自然社会经济条件，选择工业企业、小区居民、市政杂用和生态环境用水等方式，再生水回用采取就近原则，这样可以减轻对长距离输送管网的依赖和化解由此产生的矛盾。

4. 先易后难、集中与分散相结合原则

优先发展对配套设施要求不高的工业企业冷却洗涤用水回用，优先发展生态修复工程。一方面鼓励进行大规模污水处理和再生；另一方面鼓励企业和新建小区，采用分散处理的方法，进行分散化的污水回用，积极推进再生水资源在社会生活各方面的使用。

5. 确保安全原则

以人为本，彻底消除再生水利用工程的卫生安全隐患，保障广大市民的身体健康。再生水作为市政杂用水利用，必须进行有效的杀菌处理；再生水回灌城市景观河道，除满足相关水质标准的要求外，还考虑设置生态缓冲段，利用生态修复和自然净化提高再生水的水质，改善回灌河道的水环境质量。

第四节　水源涵养、保护和人工补源工程

一、水源涵养

水源涵养，是指养护水资源的举措。一般可以通过恢复植被、建设水源涵养区达到控制土壤沙化、降低水土流失的目的。

以水源涵养、改善水文状况、调节区域水分循环、防止河流、湖泊、水库淤塞，以及保护可饮水水源为主要目的的森林、林木和灌木林，主要分布在河川上游的水源地区，对于调节径流，防止水、旱灾害，合理开发、利用水资源具有重要意义。水源涵养能力与植被类型、盖度、枯落物组成、土层厚度及土壤物理性质等因素密切相关。

水源涵养林，是指用于控制河流源头水土流失，调节洪水枯水流量，具有良好的林分结构和林下地被物层的天然林和人工林。水源涵养林通过对降水的吸收调节等作用，变地表径流为壤中流和地下径流，起到显著的水源涵养作用。为了更好地发挥这种功能，流域内森林须均匀分布，合理配置，并达到一定的森林覆盖率和采用合理的经营管理技术措施。

（一）作用

森林的形成、发展和衰退与水分循环有着密切的关系。森林既是水分的消耗者，又起着林地水分再分配、调节、储蓄和改变水分循环系统的作用。

1. 调节坡面径流

调节坡面径流，削减河川汛期径流量。一般在降雨强度超过土壤渗透速度时，即使土壤未达饱和状态，也会因降雨来不及渗透而产生超渗坡面径流；而当土壤达到饱和状态后，其渗透速度降低，即使降雨强度不大，也会形成坡面径流，称过饱和坡面径流。但森林土壤则因具有良好的结构和植物腐根造成的孔洞，渗透快、蓄水量大，一般不会产生上述两种径流；即使在特大暴雨情况下形成坡面径流，其流速也比无林地大大降低。在积雪地区，因森林土壤冻结深度较小，林内融雪期较长，在林内因融雪形成的坡面径流也减小。森林对坡面径流的良好调节作用，可使河川汛期径流量和洪峰起伏量减小，从而减免洪水灾害。

2. 调节地下径流

调节地下径流，增加河川枯水期径流量。中国受亚洲太平洋季风影响，雨季和旱季降水量悬殊，因而河川径流有明显的丰水期和枯水期。但在森林覆被率较高的流域，丰水期

径流量占 30%~50%，枯水期径流量也可占到 20% 左右。森林增加河川枯水期径流量的主要原因是把大量降水渗透到土壤层或岩层中并形成地下径流。一般情况下，坡面径流只要几十分钟至几小时即可进入河川，而地下径流则需要几天、几十天甚至更长的时间缓缓进入河川，因此可使河川径流量在年内分配比较均匀，提高了水资源利用系数。

3. 水土保持功能

水源林可调节坡面径流，削减河川汛期径流量。

森林植被具有大量的根系，能够很好地固结土壤，起到防止土壤侵蚀的作用。森林植被凋落物又能有效降低雨水对土壤的冲击力度，减少土壤侵蚀。

由于森林的枯枝落叶层对土壤的改良和林木根系对土壤结构的改良（穿插切割、细根死亡、根系分泌物）等，林地表层和深层土壤的孔隙度，特别是非毛管孔隙度均较高，因此具有很强的蓄水保水能力。土壤层含蓄的这部分水，在较长时间内能作为渗流补给河流、水库，增加河流枯水期流量。

4. 滞洪和蓄洪功能

河川径流中泥沙含量的多少与水土流失相关。水源林一方面对坡面径流具有分散、阻滞和过滤等作用，另一方面其庞大的根系层对土壤有网结、固持作用。在合理布局情况下，还能吸收由林外进入林内的坡面径流并把泥沙沉积在林区。

降水时，由于林冠层、枯枝落叶层和森林土壤的生物物理作用，对雨水截留、吸收渗入、蒸发，减小了地表径流量和径流速度，增加了土壤拦蓄量，将地表径流转化为地下径流，从而起到了滞洪和减少洪峰流量的作用。

5. 枯水期的水源调节功能

中国受亚洲太平洋季风影响，雨季和旱季降水量悬殊，因而河川径流有明显的丰水期和枯水期。但在森林覆被率较高的流域，丰水期径流量占 30%~50%，枯水期径流量也可占到 20% 左右。森林能涵养水源主要表现在对水的截留、吸收和下渗，在时空上对降水进行再分配，减少无效水，增加有效水。水源涵养林的土壤吸收林内降水并加以贮存，对河川水量补给起积极的调节作用。随着森林覆盖率的增加，减少了地表径流，增加了地下径流，使得河川在枯水期也不断有补给水源，增加了干旱季节河流的流量，使河水流量保持相对稳定。森林凋落物的腐烂分解，改善了林地土壤的透水通气状况。因而，森林土壤具有较强的水分渗透力。有林地的地下径流一般比裸露地的大。

6. 改善和净化水质

造成水体污染的因素主要是非点源污染，即在降水径流的淋洗和冲刷下，泥沙与其所携带的有害物质随径流迁移到水库、湖泊或江河，导致水质浑浊恶化。水源涵养林能有效地防止水资源的物理、化学和生物的污染，减少进入水体的泥沙。降水通过林冠沿树干流下时，林冠下的枯枝落叶层对水中的污染物进行过滤、净化，所以最后由河溪流出的水的化学成分发生了变化。

7. 调节气候

森林通过光合作用可吸收二氧化碳，释放氧气，同时吸收有害气体及滞尘，起到清洁空气的作用。森林植物释放的氧气量比其他植物高 9~14 倍，占全球总量的 54%，同时通过光合作用贮存了大量的碳源，故森林在地球大气平衡中的地位相当重要。林木通过抗御大风可以减风消灾。森林对降水也有一定的影响。多数研究者认为森林有增水的效果。森林增水是由于造林后改变了下垫面状况，从而使近地面的小气候变化而引起的。

8. 保护野生动物

由于水源涵养林给生物种群创造了生活和繁衍的条件，使种类繁多的野生动物得以生存，所以水源涵养林本身也是动物的良好栖息地。

（二）营造技术

包括树种选择、林地配置、经营管理等内容。

1. 树种选择和混交

在适地适树原则指导下，水源涵养林的造林树种应具备根量多、根域广、林冠层郁闭度高（复层林比单层林好）、林内枯枝落叶丰富等特点。因此，最好营造针阔混交林，其中除主要树种外，要考虑合适的伴生树种和灌木，以形成混交复层林结构。同时，选择一定比例深根性树种，加强土壤固持能力。在立地条件差的地方，可考虑以对土壤具有改良作用的豆科树种作为先锋树种；在条件好的地方，则要用速生树种作为主要造林树种。

2. 林地配置与整地方法

在不同气候条件下取不同的配置方法。在降水量多、洪水危害大的河流上游，宜在整个水源地区全面营造水源林。在因融雪造成洪水灾害的水源地区，水源林只宜在分水岭和山坡上部配置，使山坡下半部处于裸露状态，这样春天下半部的雪首先融化流走，上半部林内积雪再融化就不致造成洪灾。为了增加整个流域的水资源总量，一般不在干旱半干旱地区的坡脚和沟谷中造林，因为这些部位的森林能把汇集到沟谷中的水分重新蒸腾到大气中，减少径流量。总之，水源涵养林要因时、因地、因害设置。水源林的造林整地方法与其他林种无重大区别。在中国南方低山丘陵区降雨量大，要在造林整地时采用竹节沟整地造林；西北黄土区降雨量少，一般用反坡梯田（见梯田）整地造林；华北石山区采用"水平条"整地造林。在有条件的水源地区，也可采用封山育林或飞机播种造林等方式。

3. 经营管理

水源林在幼林阶段要特别注意封禁，保护好林内死地被物层，以促进养分循环和改善表层土壤结构，利于微生物、土壤动物（如蚯蚓）的繁殖，尽快发挥森林的水源涵养作用。当水源林达到成熟年龄后，要严禁大面积砍伐，一般应进行弱度择伐。重要水源区要禁止任何方式的采伐。

二、水资源保护区的划分与防护

（一）水源保护区

水源保护区，是指国家对某些特别重要的水体加以特殊保护而划定的区域。水源保护区包括生活饮用水水源地、风景名胜区水体、重要渔业水体和其他有特殊经济文化价值的水体。其中，饮用水水源地保护区包括饮用水地表水源保护区和饮用水地下水源保护区。

（二）水资源保护区的等级划分

1. 划分原则

①必须保证在污染物达到取水口时浓度降到水质标准以内。

②为意外污染事故提供足够的清除时间。

③保护地下水补给源不受污染。

2. 划分方法

我国依据对取水水源水质影响程度大小，将水源保护区划分为水源一级、二级保护区。

结合当地水质、污染物排放情况将位于地下水口上游及周围直接影响取水水质（保证病原菌、硝酸盐达标）的地区划分为水源一级保护区。

将一级水源保护区以外的影响补给水源水质，保证其他地下水水质指标的一定区域划分为二级保护区。

（三）水资源保护区的生态补偿机制实施的影响因素对策

1. 生态补偿机制在水资源保护区的重要性

（1）有利于促进水资源保护区的生态文明建设

生态文明兴起源于人类中心主义环境观，是对人类与自然的矛盾的正面解决方式，反映了人类用更文明而非野蛮的方式来对待大自然、努力改善和优化人与自然关系的理念。

（2）推进水资源保护区综合治理中问题与矛盾的解决

水资源保护区的生态补偿是指为恢复、维持和增强水资源生态系统的生态功能，水资源受益者对导致水资源生态功能减损的水资源开发者或利用者征收税费，对改善、维持或增强水资源生态服务功能而做出特别牺牲者给予经济和非经济形式补偿的制度，是一种保护水资源生态环境的经济手段，是生态补偿机制在水资源保护中的应用，集中体现了公正、公平的价值理念，也是肯定水资源生态功能价值的一种表现。水资源保护区补偿机制的建立，一方面，可以将水资源保护区源头治理保护的积极性调动起来，使优质水源得到有效保障；另一方面，还能有效缓解水资源地区治理保护费用不足的现象，使得社会经济的高速发展与保护生态环境之间不断加深的矛盾得到有效改善。

2. 生态补偿机制实施对策

（1）建立科学合理的补偿标准

完善水资源补偿机制的统一管理能够最大限度地体现生态保护，实现保护标准的合理化，在水资源保护机制中能够体现的补偿标准就是最大限度地实现政府与水源机构在意识上的一致性，同时要在水源的保护上体现科学性的管理模式，能够给水资源补偿提供更多的便利。当然，在不同的地区需要对补偿机制的标准进行适当的调整，实现生态补偿的最大化以及合理化。

（2）扩大资金补偿范围

充分遵循"谁保护谁受益""谁改善谁得益""谁贡献大谁多得益"的基本原则，使生态环保财力转移支付制度得到进一步加强，从而充分激发各地积极保护环境的意识。在补偿时，不应该只包括流域污染治理成本，同时还应当包括因保护生态环境而丧失发展机会的成本，并且还要加大投入对水资源的补偿资金，使得补偿范围向调整产业结构、退耕还林工作、对环境污染的日常防止管理以及直接补偿生态环境保护者等方面拓展。

（3）建立公平合理的激励机制

生态补偿也是一种利益分配。所以，要使利益变得均衡，在依靠行政手段的同时，还须凭借一定市场机制以及公众的广泛参与。水资源上下游的利益从长远来看是一致的，是"唇齿相依"的关系。因而，不能片面地将生态补偿看成水资源现状受惠，应当看成是在水资源生态受益过程中对生态环境保护的一种补偿。

三、人工补源回灌工程

（一）人工回灌及其目的

所谓地下水人工补给（回灌），就是将被水源热泵机组交换热量后排出的水再注入地下含水层中。这样做可以补充地下水源，调节水位，维持储量平衡；可以回灌储能，提供冷热源，如冬灌夏用、夏灌冬用；可以保持含水层水头压力，防止地面沉降。所以，为保护地下水资源，确保水源热泵系统长期可靠地运行，水源热泵系统工程中一般应采取回灌措施。

应注意的原则是：回灌水质要好于或等于原地下水水质，回灌后不会引起区域性地下水水质污染。实际上，水源水经过热泵机组后，只是交换了热量，水质几乎没发生变化，回灌不会引起地下水污染，但是存在污染水资源的风险。

（二）回灌类型及回灌量

根据工程场地的实际情况，可采用地面渗入补给、诱导补给和注入补给。注入式回灌一般利用管井进行，常采用无压（自流）、负压（真空）和加压（正压）回灌等方法。无压自流回灌适用于含水层渗透性好，井中有回灌水位和静止水位差。真空负压回灌适于地下水位埋藏深（静水位埋深在 10m 以下）、含水层渗透性好的地层。加压回灌适用于地下水位高、透水性差的地层。

回灌量大小与水文地质条件、成井工艺、回灌方法等因素有关，其中水文地质条件是影响回灌量的主要因素。出水量大的井回灌量也大。

（三）地下水管井回灌方式分类

由于地下水源热泵工程所在地区的水文地质条件和工程场地条件各不相同，实际应用的人工回灌工程方式也有所不同，各种方式的特点、适用条件和回灌效果各不相同。

1. 同井抽灌方式

①同井抽灌方式是指从同一眼管井底部抽取地下水，送至机组换热后，再由回水管送回同一眼井中。回灌水有一部分渗入含水层，另一部分与井水混合后再次被抽取送至机组换热，形成同一眼管井中井水循环利用。

②同井抽灌方式适用于地下含水层厚度大、渗透性好、水力坡度大、径流速度快的地区。

③同井抽灌方式的优点是节省了地下水源系统的管井数量，减少了一部分水源井的初投资。

④同井抽灌方式的缺点是：在运行过程中，一部分回水和一部分出水发生短路现象，两者混合形成自循环，对水井出水温度影响很大。冬季供暖运行时，井水出水温度逐渐降低，夏季制冷运行时，井水出水温度逐渐升高。

2. 异井抽灌方式

①异井抽灌方式是指从某一眼管井含水层中抽取地下水，送至机组换热后，由回水管

送至另一眼管井回灌到含水层中，从而形成局部地区抽灌井之间含水层中地下水与土壤热交换的循环利用系统。

②异井抽灌方式适合的水文地质条件比同井抽灌方式的范围宽。

③异井抽灌方式的优点是回灌量大于同井抽灌。抽灌井之间有一定距离，回水温度对供水温度没有影响，不会导致机组运行效率下降，因而运行费用比同井抽灌方式低。冬季和夏季不同季节运行时，抽灌井可以切换使用。

④异井抽灌方式的缺点是增加了地下水源系统的管井数量，增加了水源井的初投资。

无论是采用同井回灌方式还是异井回灌方式，由于目前在很多地区采用的回灌方式均为自流回灌，因此往往会产生回灌不畅的问题，以下对产生回灌不畅的原因进行分析。

由于地下水具有一定的压力、受透水层阻力影响，抽取容易，回灌慢。地下水含矿物质、微生物，在抽取回灌过程中，由于管井并非采用密闭加压回灌方式，水在从地下抽取过程中，含氧量也发生了变化，经物理反应，产生气泡含发黏的胶状物，由井内向地层渗透时黏结堵塞了滤水管间隙，透水率降低，就出现回灌不下去的现象。其原因主要是回灌井结构及成井工艺问题：抽水时地下水从地下含水层经砾料、滤水管进入井内被抽出。滤料、滤水管起到很好的过滤作用。而回灌时水从井管内经滤水管、砾料向地层渗透，如果回灌井还按照抽水井结构及成井工艺，回灌井中胶状发黏物，被过滤黏结堵塞了透水间隙。所以，原来普遍使用的给水井抽水井结构，不适合作为回灌井。另外，片面强调水井抽取量，而过量开采，动水位（降深值）增大，粉细砂抽入井内或堆积水井周围抽取的水中含砂量超标，影响降低透水率，所以在第四系地层取水，必须按照当地水文地质条件。水位降深值（动水位）不超过15m，含砂量少于1/20万，否则影响水井使用寿命，逐年降低出水量，严重者造成地面下沉，附近建筑物受到影响。

抽水井与回灌井的数量比例视回灌井在当地水文地质条件下的最大回灌量，由以下诸因素决定：

①静水位埋深。

②含水地层状况、埋深及厚度。

③成井结构。

④成井施工工艺过程等。

（四）避免回灌不畅的方式

1. 钻井设备的选择

成井钻孔主要有两类：

①冲击钻成井工艺简单，成本费用少，只在卵石较大地区适用，但是出水量、透水率受影响。

②回转钻钻井成本费用高，适合在颗粒较小的地层钻进，在大颗粒的卵石层钻进慢，成井质量好，只要严格按照完善的成井工艺要求。出水量透水率，水位降深值明显优于冲击钻成井。

2. 采用合理的管井结构

①抽水井。采用双层管结构，内井管用于抽水，外井管有透水井笼。工作原理是：由于地下水位的降低，上部原含水层已基本疏干，地层结构松散，具有很好的透水性。由内外管之间回灌，经透水管笼向地层渗透，为了保证抽水温度，回灌水不允许回到内井管，必须有止回水料，特制的回灌井笼具有强度高、抗挤压不变形、透水性强、阻力小等特点，回灌水中的发黏胶状物不黏结堵塞，能顺利通过回到地下。用此结构的水井还能起到一定的辅助回灌量。

②回灌井。采用特制的回灌管笼，笼式结构与传统给水管井透水结构相比，由于其透水率高，阻力小，回灌渗透快，回灌水中的发黏胶状物堵塞不了透水间隙，达到回灌迅速畅通。

3. 回扬

为预防和处理管井堵塞还应采用回扬的方法，所谓回扬即在回灌井中开泵抽排水中堵塞物。每口回灌井回扬次数和回扬持续时间主要由含水层颗粒大小和渗透性而定。在岩溶裂隙含水层进行管井回灌，长期不回扬，回灌能力仍能维持；在松散粗大颗粒含水层进行管井回灌，回扬时间一周 1~2 次；在中、细颗粒含水层里进行管井回灌，回扬间隔时间应进一步缩短，每天应 1~2 次。在回灌过程中，掌握适当回扬次数和时间，才能获得好的回灌效果，如果怕回扬多占时间，少回扬甚至不回扬，结果管井和含水层受堵，反而得不偿失。回扬持续时间以浑水出完，见到清水为止。对细颗粒含水层来说，回扬尤为重要。实验证实，在几次回灌之间进行回扬与连续回灌不进行回扬相比，前者能恢复回灌水位，保证回灌井正常工作。

4. 井室密闭

采用合理的井室装置，对井口装置进行密闭，减少水源水含氧量增加的概率，最大限度地保障回灌效果。

第二章　水利水电工程规划与设计

第一节　水利水电工程概述与规划的各影响因素分析

一、水利水电工程规划概述

（一）水利水电工程规划含义

水利水电工程规划的目的是全面考虑、合理安排地面和地下水资源的控制、开发和使用方式，最大限度地做到安全、经济、高效。水利工程规划要解决的问题大体有以下三个方面：根据需要和可能确定各种治理和开发目标；按照当地的自然、经济和社会条件选择合理的工程规模；制订安全、经济、运用管理方便的工程布置方案。

工程地质资料是水利工程规划的重要内容。水库是治理河流和开发水资源中普遍应用的工程形式。在深山峡谷或丘陵地带，可利用天然地形构成的盆地储存多余的或暂时不用的水，供需要时引用。水库的作用主要是调节径流分配，提高水位，集中水面落差，以便为防洪、发电、灌溉、供水、养殖和改善下游通航创造条件。在规划阶段，须沿河道选择适当的位置或盆地的喉部，修建挡水的拦河大坝以及向下游宣泄河水的水工建筑物。

（二）水利水电工程施工规划设计作用

①优化施工规划设计方案，可以有效控制工程造价当建设单位工程造价。设计对项目投资、项目成本控制与施工有显著影响，尤其是直接关系到规模级项目，建设标准，技术方案，设备选型等决策阶段和决心投资该项目的水平成本，设计是基础，确定项目成本，直接影响决策，以确定和控制施工阶段的各个阶段后，该项目的成本是科学的、合理的。

②优化施工规划设计方案，可以起到工程项目的限额设计作用。项目成本控制，加强定额管理，提高投资效益，旨在加强配额管理实施的限制，有效控制工程造价的设计阶段的执行情况，合理确定工程造价不仅要在批准的费用限额的范围内投资项目，更重要的是，合理使用人力、物力和财力资源，实现最大的投资回报。限额设计是控制工程造价的

有效手段，能够提高投资效益，应大力推广。

（三）水利工程规划设计基本原则

1. 确保水利工程规划经济性和安全性

水利工程是一项较为复杂与庞大的工程，不仅包括防止洪涝灾害、便于农田灌溉、支持公民的饮用水等要素，还包括保障电力供应、物资运输，因此对于水利工程的规划设计应该从总体层面入手。在科学的指引下，水利工程规划除了要发挥其最大效应，也需要将水利科学及工程科学的安全性要求融入规划当中，从而保障所修建的水利工程项目具有足够的安全性保障，在抗击洪涝灾害、干旱、风沙等方面都具有较为可靠的效果。

2. 保护河流水利工程空间异质原则

河流作为外在的环境，实际上其存在也必须与内在的生物群体的存在相融合，具有系统性的体现，只有维护好这一系统，水利工程项目的建设才能够达到其有效性。在进行水利工程规划的时候，有必要对空间异质加以关注。尽管多数水利工程建设并非聚焦于生态目标，而是为了促进经济社会的发展，在建设当中同样要注意对于生态环境的保护，从而确保所构建的水利工程符合可持续发展的道路。这种对于异质空间保护的思考，有必要对河流的特征及地理面貌等状况进行详细的调查，确保所指定的具体水利工程规划能够满足当地的需要。

3. 注重自然力量自我调节原则

在具体的水利工程建设中，必须将自然的力量结合到具体的工程规划当中，从而在最大限度地维护原有地理、生态面貌的基础上，进行水利工程建设。水利工程作为一项人为的工程项目，其对于当地的地理面貌进行的改善也必然会通过大自然的力量进行维护，这就要求所建设的水利工程必须将自身的一系列特质与自然进化要求相融合，从而在长期的自然演化过程中，将自身也逐步融合成为大自然的一部分。

（四）水利水电工程规划的内容和任务

在河流上兴建水库枢纽工程进行径流调节，是改造自然水资源的重要措施。要实现这一措施，必须对河流的水文情况、用水部门的要求、径流调节的方案和效果，以及技术经济论证等问题进行分析和计算，以便提出在各种方案下经济合理的水利水电设备大小、位置及其工作情况的设计，这就是水利水电工程规划的主要内容。而在广大的流域范围内或大的行政区划内，配合国民经济的发展需要，根据综合利用水资源和整体效益最佳的原则，研究各地段水资源情况和特定的防害兴利要求，拟订出开发治理河流的若干方案，包括各项水利工程（特别是水库群）的整体布置，它们的规模、尺寸、功能和效益的分析计算，最后从经济、社会和环境三个方面效益影响的综合比较和权衡，来选出最佳或满意的开发利用方案，这就是水资源规划的主要内容。水利水电工程规划和水资源规划的上述内容是为水利工程的兴建，对其在政治、经济、技术上进行可行性综合论证，或进行几个方案间的优劣比较所不可缺少的。水资源的开发利用越发展，对径流调节和综合利用的要求越高，则规划这一环节的作用也就越显著。

水利水电工程规划和水资源规划是各项水利水电工程建设在规划时的一个重要环节。水利水电工程规划的结果，一方面是水工建筑物设计的依据，对决定坝高、溢洪道和渠道尺寸、水电站装机容量，以及这些建筑物和设备的运行规则，起着重要的作用；另一方面又为工程的经济效益评价和环境影响分析等的综合论证，提供以定量为主的基本数据（如规模和效益大小、保证程度、工程影响和后果等）。具体地讲，就水利水电工程规划和水资源规划而言，其基本任务一般包括以下四个方面：

第一，根据国民经济当前或一定发展阶段（常以设计水平年表示）对本流域或本河段开发任务的要求，经过各种计算和包括经济、社会、政治、环境等多方面的综合分析、比较，配合其他专业部门，拟定适当的开发方式，确定骨干工程的规模和主要参数。这些参数随开发任务不同而有所不同，常见的有坝高、各种特征水位及库容、溢洪道的形式和尺寸、引水渠道断面大小、水电站装机容量和发电量等。

第二，确定或阐明能由水利措施获得水利效益。例如，供给各用水部门的水量和能量的多少及其质量（保证程度），包括水电站的保证出力和年发电量、灌溉供水量、保证的航深，以及防洪治涝的解决程度或能达到的防治标准等。

第三，编制水利枢纽的控制运用规则和水库调度图表，以保证在选定的建筑物参数的基础上，在实际运行时能获得最大可能的水利经济效益。有时还需要提供水库未来多年工作情况的一些统计数字和图表。例如，多年中各年供给用户的水量和各年的弃水量、水库上下游水位的变动过程等，这些通常是根据历史水文资料作为模拟未来的系列而计算得出的。

第四，水库建造所引起的对环境影响和后果的估算、预测。水库的建造，除能达到预期的经济目的外，同时也引起开发河段及附近地区自然情况和生态环境的变化。例如，①引起库区的淹没和库区周边的浸没。②引起库内泥沙淤积、风浪剧增和坝下游的河床冲刷。③由于水电站的调节，引起下游水流波动，影响航运及取水建筑物的正常工作；在回水变动区，可能引起库尾浅滩形态的变化；洪水时库区的汇流情况亦改变。④建造水库使蒸发渗漏增加，使水质状况、水温情势发生变化，并可能影响库区内外的生态平衡和局部气候。这些派生的现象，对环境和社会的影响亦应做适当的考虑和阐述。

水利水电工程规划既然是实现水利措施的有机组成部分，因此在整个规划设计阶段都是必须进行的，只不过在不同阶段，计算的重点和详略程度有所不同。

以最主要的河流开发为例，在最初的流域规划阶段，中心问题在于明确流域开发的方向，拟订初步的全面开发方案，通过对水文情势和用水要求的分析，用水量平衡及调节计算，求出各种可能方案下水量和落差的分配利用方式及其对效益的影响，以便最后在经济比较及综合分析的基础上确定最佳的开发方案和相应的水利效益，并研究选定第一期工程的地址。

在初步设计阶段，水利水电工程规划的任务主要是为了确定某一水利枢纽的位置及其规模（如水库的正常蓄水位、死水位、装机容量等主要参数的分析与选择），进一步论证这一具体的工程目标在投资建设上的可能性与合理性，求出工程的经济效益与设备效用的基本情况，估计工程建成后的不利影响和防治、处理的办法。

在最后的技术设计和施工详图阶段，需要最后复核或核定水利设备的主要参数，进一步分析和编制设备各部分在施工、运用，甚至在远期发展中的工作情况，计算确定工程的经济效益。此外，还常须拟订初期运行调度计划及运行规程。

（五）水利水电工程水工设计方案重要因素分析

1. 设计方案对比的重要性

一个方案的确定包括方案的拟订、方案的设计、方案的比较和方案的选择四个步骤。方案的拟订是根据工程开发的任务、规模，结合地形地质条件、建筑物布置、施工条件、环境影响等因素，经过分析，拟订两个或多个参与对比的方案。方案的设计是对各参选方案进行一定深度的设计，分析各方案的建设条件及工程对社会和环境的影响，估算各方案的投资、工期等，为方案的比较提供依据。方案的比较是结合比选因素，对各方案进行全面的比较，得出各方案的优劣。方案的选择是在方案比较后，经综合分析，推荐最优方案。

2. 设计方案对比原则

方案对比的首要原则是方案的设计和比较应实事求是，对各方案的利弊应进行科学和客观的分析。拟订方案时，不能凭设计或建设单位的意愿而故意舍弃可能较优的方案。设计方案时，对各方案应一视同仁，不能故意压减或做大某一方案；比较投资方案时，不能由于偏好哪个方案，而重点分析和夸大其有利因素，而故意突显该方案的优点。

方案设计完成后，应结合对比因素对各方案进行全面综合的比较。比较前应列出影响方案比选的各种可能因素。比较时应针对各对比因素按顺序进行详细的分析和对比。进行工程量和投资比较时应计入影响投资比较的所有项目。方案对比应抓住关键因素，对比前应分析哪些因素为关键因素和控制因素，哪些是次要因素，如果各方案各有优劣且难以抉择时，对关键因素应进行重点分析和对比方案比较的结果应明晰，针对各对比点应有明确的结论，在报告编制中应将比较结果列表。

3. 方案设计

对水工设计来说，建筑物的形式、布置和工程处理措施等应根据设计条件的变化而有所不同。场址不同时，由于地形地质条件等不一样，建筑物的形式、布置等有所差别。坝址比选中，各参选方案的坝型、枢纽布置等会由于场址不同而可能不一样，而不仅仅是工程量和投资等的差别。长距离输水渠道中，渠道的形式、断面尺寸等随着渠段所处位置和地形地质条件的变化而变化。

4. 工程投资

工程投资决策阶段要对工程建设的必要性和可行性进行技术、经济评价论证，对不同的开发方案（如海堤走向、工程规模、平面布置等）进行分析比较，选出最优开发方案。海上工程要充分考虑海上作业风大、浪高、潮急等恶劣的自然条件，以及台风大潮带来的风险等多变因素，科学地编制投资估算。这是工程造价全过程的管理龙头，应适当留有余地，不留缺口。

二、水利水电工程规划的各影响因素分析

（一）技术影响因素分析

在水利水电工程规划设计阶段，通常考虑的技术因素有装机容量、保证出力、多年平均发电量和年利用小时数等这些能够反映水电站技术特征的因素。

装机容量选择是水利水电工程规划设计的重要组成部分，它关系到水电站的规模和效益、投资方的投资回报和水资源的合理开发利用。装机容量选得过大，电力市场短时期无法消纳，投资回收期增长，投资回报率降低；装机容量选得过小，水力资源得不到合理利用，水电站的经济效益不能得到充分发挥。因此，装机容量选择是一个复杂的动能经济设计问题。装机容量的大小取决于河流的自然特性即河流径流大小及其分配特性与水库的调节性能、水电站有效利用水头、生态环境影响、征地移民、电站的供电范围、电力系统负荷发展规模及其各项负荷特性指标、地区能源资源、电源组成及其水电比重等因素。对于流域水电站装机容量选择，还要充分考虑其上、下游梯级的运行原则、已建和在建水库梯级对设计电站的水力补偿作用、区域电网联网、水能的综合利用、跨区域送电对装机容量的影响等因素的影响。

正常蓄水位是水利水电工程的一个主要特征值，它主要从发电的投资和效益方面进行

计算，并结合防洪、灌溉、航运等效益进行综合分析。正常蓄水位的大小直接影响工程的规模，而且也影响建筑物尺寸和其他特征值的大小。正常蓄水位定得高，水库库容就大，水能利用程度高，虽然水库的调节性能和各方面效益都会比较好，但是相应的工程的投资和淹没损失较大，需要安置移民多。正常蓄水位定得很低时，则可能所需的防洪库容不够，水能利用程度低，其他防洪、发电、航运等效益都会相应降低。可见选择正常蓄水位的问题是一个多影响因素的问题，需要慎重地比选研究。

装机利用小时数是水电站多年平均发电量与装机容量的比值。它既表示了水电站机组的利用程度，又表示了水能利用的程度，是水电站的一项动能指标。一座水电站的装机利用小时数过高或过低都是不合理的。装机利用小时数过高，表明虽然水电站机组利用程度比较高，但水能利用的程度过低；装机利用小时数过低，表明虽然水电站水能利用比较充分，但机组利用程度过低。

另外，水利水电工程对地质条件的要求很高，工程的规模及后续的施工难度大都与其有直接关系，一般认为水库的坝高和库容与地质构造和岩性、渗漏条件、应力状态及区域地质活动背景等因素有关，因此在决策时应对库区地质情况进行严谨的分析。

（二）经济效益影响分析

方案的经济效益比较是建设项目方案决策的重要手段，目前水利水电工程项目的经济评价常采用的是费用-效益分析方法。因此，影响水利水电工程方案决策的经济因素主要可从投资及效益两部分进行分析。

1. 投资应考虑因素

水利水电工程进行经济评价时的经济指标包括工程总投资（或工程各部门投资）和年运行费。水电站的投资大致分为两部分：一部分与装机容量无直接关系，如坝、溢洪道建筑物及水库淹没措施投资；另一部分与装机容量有直接关系，如机组、输水道、输变电设备及厂房投资。投资指标包含的评价指标，一般选取总投资、年运行费、单位千瓦投资、单位电能投资、投资回收年限或内部收益率。在投资回收年限和内部收益率选取时采用"或"运算，即选取其中任一指标就可以参与投资指标的评价。另外，水电投资项目财务盈利能力一般是通过财务内部收益率、财务净现值、投资回收期等评价指标来反映的，应根据项目的特点及实际需要，将这些指标归入决策考虑范围之内。

2. 效益应考虑的因素

水电投资项目的效益包括直接效益和间接效益。直接效益是指由项目产出物产生并在项目范围内计算的经济效益。水利水电工程投资项目的直接效益一般指项目的发电效益，对发电工程，年平均发电量与年平均发电效益这两个指标，年发电效益等于年发电量乘以电价，它们之间的差异为一常系数电价，这两个指标具有包容性。因而，在指标体系中只须选择其中之一。间接效益是指项目为社会做出的贡献，而项目本身并不直接受益。一般指除发电效益外，给当地的防洪、灌溉、航运、旅游、水产养殖等带来的效益。此外，项目的厂外运输系统给附近工农业生产和人民生活带来的效益，项目对促进所处相对落后地区的社会、经济、文化、观念的发展带来的综合效益等，这些效益有些是有形的，有些是无形的，有些可以用货币计量，有些是难以或不能用货币计量的，在方案的评价中应对这些不能用数量计量的因素进行量化评价。

（三）社会影响因素分析

水利水电工程建设项目是国民经济的基础设施和基础产业，影响范围广，很容易产生复杂的社会问题。水利水电工程具有很强的政策性，它有水土资源优化与分配、区域经济和社会协调与平衡作用，因此在进行工程方案评价时，必须认真贯彻有关国家和地方以及流域机构的各项法规政策，考虑工程对整个社会发展的各项影响因素。只有这样，水利水电工程的成果才能更好地服务于社会，才能确保促进实现社会的可持续发展。

水利水电工程建设项目的社会影响，主要是分析工程方案的实施对社会经济、社会环境、资源利用等国家和地方各项社会发展目标所产生的影响的利与弊，以及项目与社会的相互适应性、项目的受支持程度、项目的可持续性等方面。它是依据社会学的理论和方法，坚持以人为本、公众参与、公平公正的原则，研究水利水电建设项目的社会可行性，并为方案的选择与决策提供科学的依据。

（四）对生态环境影响分析

近一个世纪以来，由于水利水电工程建设的加快，所引起的生态环境问题也越来越受到人们的重视。为了更好地利用水资源，人们在水利水电开发过程中对生态平衡与环境保护问题的关注日益加强。水利水电工程对生态环境的影响是巨大而深远的。不同的水利水电工程项目由于所处的地理位置不同，或同一水利水电工程的不同区域，其环境影响的特点各异。水利水电工程属非污染生态项目，其影响的对象主要为区域生态环境。影响区域主要有库区、水库上下游区。库区的环境影响主要是源于移民安置、水库水文情势的变化；坝上下游区的环境影响主要源于大坝蓄水引起的河流水文情势变化。

（五）风险因素分析

由于水利水电工程项目是一次性投资且投资额度大，水利水电投资项目的投资动辄百万、千万、上亿元人民币，像三峡、小浪底等大型水利水电工程投资往往上百亿、上千亿，建设规模大，周期长，技术风险和经济风险大，涉及面广，从项目决策、施工到投入使用，少则几年，多则十几年，在这段时间内充满了各种各样的不确定性。工程受自然条件影响很大，主要是受气候、地形、地质等自然条件影响大，而在这些自然条件中，存在着许多不确定因素，这些不确定因素会给水利水电工程建设带来巨大的风险。并且在项目的实施过程中，由于项目所在地的政治、建设环境和条件的变化、不可抗力等因素都可能会给项目建设造成一定的风险。

因此，近年来我国政府完善了工程项目投融资体制，明确了投资主体，明晰了投资活动的利益关系，初步建立了投资风险约束机制。随着水利水电项目的工程建设模式与国际接轨，水利水电工程建设体制也有了进一步深化，风险管理也就越来越受到水利水电工程界的重视。所以，建立水利水电投资项目风险评价指标体系，在工程规划方案中考虑风险指标规避风险、减少损失是规划设计阶段不可缺少的部分。

水利水电工程的风险来自与项目有关的各个方面，在工程建设项目立项准备、实施、运行管理的每一个阶段及其各阶段的横向因子，都存在着各种风险。凡是有可能对项目的实际收益产生影响的因素都是项目的风险因素。水利水电项目风险因素分析通常是在人们对项目进行系统认识的基础上，多角度、多方面地对工程项目系统风险进行分析。风险因素分析可以采用由总体到细节、由宏观到微观的方法层层分解。从这个角度出发来进行的风险因素的分析如下：

1. 政治风险

政治风险是一种完全主观的不确定事件，包括宏观和微观两个方面。宏观政治风险是指在一个国家内对所有经营都存在的风险。一旦发生这类风险，方方面面都可能受到影响，如全局性政治事件。而微观政治风险则仅是局部受影响，一部分人受益而另一部分人受害，或仅有一部分行业受害而其他行业不受影响的风险。

2. 经济风险

经济风险是指承包市场所处的经济形势和项目发包国的经济实力，以及解决经济问题的能力等方面潜在的不确定因素构成的经济领域的可能后果。经济风险主要构成因素为国家经济政策的变化、产业结构的调整、银根紧缩、项目产品的市场变化、项目的工程承包市场、材料供应市场、劳动力市场的变动、工资的提高、物价上涨、通货膨胀速度加快、原材料。

3. 法律风险

如法律不健全，有法不依、执法不严，相关法律的内容的变化，法律对项目的干预；可能对相关法律未能全面、正确理解，项目中可能有触犯法律的行为等。

4. 自然风险

如地震、风暴、特殊的未预测到的地质条件，反常且恶劣的雨、雪天气、冰冻天气，恶劣的现场条件，周边存在对项目的干扰源，水电投资项目的建设可能造成对自然环境的破坏，不良的运输条件可能造成供应的中断。

5. 社会风险

包括社会治安的稳定性、社会的禁忌、劳动者的文化素质、社会风气等。

目前风险分析的方法很多，如敏感性分析法、故障树分析法、调查和专家打分法、模糊分析方法等。

第二节 水利水电泵站工程建设的规划设计与工程景观设计

一、水利水电泵站工程建设的规划设计

（一）水利水电泵站工程建设的合理布置

水利水电泵站工程建设首先要把主要建筑物布置在适当位置，然后根据辅助建筑物的作用进行合理布置。

1. 灌溉泵站总体布置

如果水源与灌区控制高程相距远，同时二者之间的地形平缓，一般考虑采用有引渠的布置形式。这种形式一方面能够让泵房尽可能地靠近出水池，从而缩短出水管道的长度；另一方面能够让泵房远离水源，进而尽可能地降低水源水位变化对泵房的影响。在引渠前，通常要设置进水闸，便于控制水位和流量，保证泵房的安全；并在非用水季节关闭，避免泥沙入渠。

2. 排水泵站总体布置

在实际的工程建设中，可以发现由于外河水位高，许多排水区在汛期而不能自排，但是在洪水过后却能够自流排出。这就决定了，排水泵站一般由两套系统组织，即自流排水和泵站抽排两套排水系统。基于自排建筑物与抽排建筑物的相对关系，可分为分建式和合建式布置形式。在泵站扬程较高，或内外水位变幅较大的情况下，这种形式比较实用。

（二）水利水电泵站工程建设规划设计的分析

水利水电泵站工程建设的规划设计：①水利水电泵站工程建设的规划。水利水电泵站

工程建设的整体规划非常重要，并且非常复杂，所以其规划管理也相当烦琐，包括施工条件（交通条件、场地条件等）、施工的导流（导流方式、导流的标准等）、施工的管理、工程施工进度计划（工程筹建、准备、完工等）、资金的管理等。整体规划，才能保证水利工程顺利进行。②水利水电泵站工程建设的设计。水利水电泵站工程建设首先需要加强勘测设计，其依据的基本资料应完整、准确、可靠，设计论证应充分，计算成果应可靠；其次，要认真记录设计程序，精益求精；最后，应严格按照相关法律、法规及建设单位的要求进行设计并贯彻质量为本的方针。

（三）水利水电泵站工程建设施工管理的分析

1. 水利水电泵站工程建设机电设备安装的施工管理

（1）安装前管理

在施工前期相关施工单位及具体施工人员应对机电设备的安装方案、土建设计方案进行全面了解，并且制订出合理的施工方案，明确施工质量检查程序及施工过程的控制措施，同时确定机泵及电气设备的施工工艺和技术要求，根据工程的实际要求和特点确定施工工序。

（2）严格安装施工过程中的管理

在施工过程中按照泵站设计要求，在泵房车间顶部设置起吊设备，保障泵站的日常检修。主水泵的安装过程中应严格检查主水泵的基础中心线、安装基准线的偏差与水平偏差是否符合施工规范要求，并且在主水泵稳位前及时清理地脚螺栓孔。泵房车间闸阀及进出水管道的安装应注意连接的正确性，不能强行连接，连接施工应按照施工规范进行，连接完成后对管道进行必要的防腐处理，确保闸阀的灵活程度。

2. 水利水电泵站工程建设施工机械设备的管理

（1）加强现场机械设备的维护

第一，机械内部环境的维护。水利工程水泵建设项目部应当做好新机械的购买记录和相关进场准备工作，同时制定相关机械的日常维护保养制度，并积极开展机械的安全检查工作。对于作业的机械应当进行例行保养和阶段性维护，同时做好保养和维护中出现的故障记录工作，并记录优秀机械的名称和编号。

第二，机械外部环境的维护。合理选择油品，其是机械外部环境维护的重要环节，燃油和润滑油应当保证质量。机械操作人员每次在进行机械操作前，应当仔细检查机械的安全装置，严禁使用故障机械进行施工作业，避免出现安全事故，同时严格检查机械配件的存储量和质量，尽量避免机械缺乏配件或配件质量差而影响机械的正常运行。

（2）严格机械作业人员的管理

由于水利水电泵站工程建设项目的特殊性，进行水利水电泵站工程建设的现场作业机械设备不仅种类多，而且现场作业机械设备的结构也相对复杂，现场机械操作人员一旦出现操作失误，会影响机械的正常使用，进而影响水利水电泵站工程建设的施工进度，情况严重时还可能导致现场作业人员的人身安全受到威胁。因此，施工企业应当定期对水利水电泵站工程建设施工现场机械作业人员进行专业的机械作业培训，并定期对其进行机械操作水平的相关考核。

3. 应用信息化管理

（1）建立科学的信息化管理平台

在对水利水电泵站工程建设施工进行信息化管理时，应当综合考虑和平衡各方的利益和需求。水利水电泵站工程项目在建设过程中，涉及多个管理层面，如财务管理、预算管理、合同管理、施工管理以及机械材料管理等。应该建立一个包括泵站建设施工管理实践、知识管理、情报管理、远程监控以及工程协调管理等多个功能模块的现代化水利水电泵站工程建设施工信息管理平台。该平台能够应用于不同的实践主体以及自动管理相关数据，实现对水利水电泵站工程建设施工相关信息资源的综合管理。

（2）水利水电泵站工程建设工程进度和成本的信息化管理

在水利水电泵站工程建设施工信息化管理中，应当添加水利水电泵站工程建设施工进度管理和成本管理的相关功能模块，使水利水电泵站工程建设管理者能够实时了解工程建设各个阶段的实际成本以及水利水电泵站工程建设的实时工程进度，以便管理者进行实际成本与预算成本的分析工作。

二、水利水电工程景观设计

我国现代水利工程众多。这些水利水电工程不仅在防洪、灌溉、发电、航运、供水等方面发挥着巨大的综合效益，也逐步形成了自然景观与人文景观相结合的，具有较高开发价值的旅游景点或景区。

水利风景区是指以水域（水体）或水利工程为依托，具有一定规模和质量的风景资源与环境条件，可以开展观光、娱乐、休闲、度假或科学、文化、教育活动的区域。以水利工程为主体，融自然景观和人文景观为一体的水利旅游随着世界旅游的发展已渐渐显示出它蓬勃的生命力。国家政策的支持、丰富的水利旅游资源、人们日益增加的收入和休闲时间以及人们休闲观念的转变是我国发展水利旅游的四大先决条件。

（一）水利水电工程景观概述

1. 水利水电工程的特点

水利水电工程包括水利和水电两部分，其中水利工程包括蓄水、防洪、灌溉、城市供水、航运、旅游等，水电工程简单地说就是利用水能发电的工程。

水力发电是利用水能推动水轮发电机旋转，发出电力。水能来源于落差和流量。河流从高处往低处流，是因为上下游两个断面之间存在着落差。一般情况下，水流的落差比较分散，只有在瀑布或有跌水的地方，落差才比较集中。

水力发电利用落差的办法大致有两种：对于比较平缓的河流，因落差小，就必须拦河筑坝，抬高水位，在坝前形成可利用的"水头"；对于比较陡峻，或可截弯取直的河段，则可在河中筑一低坝或水闸，把水引到岸边人工开凿的比较平缓的引水道中，利用引水道末端（前池或调压井）与下游河道水面之间的落差，形成发电所需要的水头。

到水电站参观，矗立在眼前的是巍峨的拦河大坝、宽广的水面、宏大的溢洪道，还有地下长廊般的引水隧洞或玉带似的引水明渠，以及现代化的水电站厂房等。特别是独立在水库之中的进水闸门启闭机塔楼，更加引人注目。

一般来说，凡是为了达到发电及与之相配合的防洪、灌溉、供水、航运等目的，对河流或湖泊进行综合开发利用而修建的建筑物，统称为水工建筑物。

水电站的水工建筑物，一般包括拦河大坝（含溢洪道等）、引水道和厂房三大部分。习惯上称为水电站的"三大件建设"，一座水电站，不管采用什么开发方式，都要修建这"三大件"，缺一不可。

水电站因规模大小不同，其水工建筑物的差别也很大：大型水工建筑物以其庞大、复杂的特点而确立了它在水电站设计中的重要地位；中小型水电站虽然规模较小，但各种功能的水工建筑物一应俱全。

（1）拦河坝（含溢洪道等）

拦河坝用以拦断江河、壅高水位形成水库，为水电站提供流量和发电水头（落差）；溢洪道则用于泄放水库多余的洪水，排除冰凌和泥沙等。这两类建筑物主要有拦河闸坝、开敞式溢洪道、位于闸坝上的溢流堰、泄水孔以及泄洪隧洞和排沙洞等引水道，即输水建筑物。也有用于引水发电的明渠、隧洞、压力钢管道等；用于灌溉、供水或航运的明渠、引水隧洞、引水管道、船闸（或升船机）等，也属引水道之列。

（2）厂房

即为安装水轮发电机组及其附属设备、电气设备而修建的主厂房、副厂房、开关站和升压站等建筑物。设计水电站要根据当地的地形、地质、水文等自然条件，因地制宜地分别对水库、大坝、引水道和厂房进行周密的构思，配合必要的勘测设计和科学实验，进行不同方案的技术经济比较，以求得技术上先进、经济上合理的最佳方案。

水电站由于地形地质和水文条件的不同而千差万别。要设计、安排好各项水工建筑物和机、电、金属结构等设备，确实是一个复杂的系统工程。因此，每座水电站枢纽结构布局各不相同，各具特色。水电站按集中落差方式的不同，可分为堤坝式、引水式和混合式三种。

（3）堤坝式水电站

堤坝式水电站是在河道上修建拦河坝，把分散在河道上的落差集中到坝前，抬高河水位，形成水库，调节径流。这种形式的水电站，一般在流量大、坡降小的河道上采用。堤坝式水电站按水电站厂房所处的位置不同，又分为坝后式、河床式和岸边式。

①坝后式水电站。这种水电站的特点是厂房放在大坝下游，与大坝平行布置，大坝和厂房分开建设，厂房不承受上游水库的水压力。

②河床式水电站。这种水电站多建在落差小、流量大的平原河流上。特点是水电站厂房和大坝一字排开，都起到拦河挡水的作用。

③岸边式水电站。当河谷狭窄而布置不下厂房时，也可把厂房放在大坝下游一侧或两侧的岸边或岸边的山洞里。

（4）引水式水电站

这种水电站的拦河坝（闸）较低，主要靠修建较长的引水隧洞（或明渠）来集中水头发电。根据引水道集中水头的方式，又可分为沿河引水开发与跨流域引水开发两种形式。

①沿河引水开发。山区河流一般纵坡陡峻，水流湍急，有的地方还有瀑布或天然跌水。有的河段虽然坡度不大，但因为河道绕山头转一个大河湾，利用这段大弯道，采取"截弯取直"，可获得较大的水头。

在上述河势条件下，便可以沿河或截河湾修引水道，将水流平缓地引到下游适合地点，设前池（或调压井），利用前池与下游河道所形成的落差发电。

②跨流域引水开发。这种水电站是利用两条邻近河道之间的水位差，将位于高处的河水通过明渠或隧洞平缓地穿过分水岭，在另一条河边的适当位置建前池，利用前池与低处河流之间形成的落差发电。

（5）混合式水电站

混合式水电站就是将前述堤坝式和引水式两种开发方式结合起来。顾名思义，混合式水电站的水头是由两部分组成的，即一部分靠修筑大坝壅高河水位，另一部分则是靠修建较长的引水道取得。它既有较高的大坝，又有较长的引水道，具有堤坝式和引水式两种电站的特点。

2. 水利水电工程景观设计的背景

我国正处于经济快速增长期，有研究表明，在未来20年中，为解决水资源短缺问题，实现合理配置，满足防洪、电力供应等方面的要求，仍然需要修建大型水利水电工程。水利工程设计，以往多重视工程安全、质量、进度、投资的控制，较忽略人文、艺术及自然环境景观之间的和谐关系，以致所建成的工程大多显得没有特色。现代水利工程要求体现文化品位，要求将水利功能和生态功能、美化功能、和谐功能、可持续发展功能联系起来，实现水利的安全、资源、环境和景观四位一体。

3. 水利水电工程景观设计的目的和现实意义

（1）景观设计的目的

景观设计的目的是保护水生态环境，促进人与自然和谐相处，构建和谐社会。因此，如何合理地保护水利风景区，做到适度开放、科学开发，使之保持人与自然和谐相处的良好态势、实现可持续发展，是人们进行水利景观设计的首要问题。

丰富旅游项目，增加景观情趣。旅游图的是新鲜、刺激、差异。不同的景区，相同的景观元素，让人兴趣大减。所以，对于以水库为主体开发的风景区或旅游景点，要各具特色，多姿多彩，积极设计，赋予每个景区适宜但又不同的景观元素，增加景观情趣，提升旅游价值。

综合利用，增加经济效益和社会效益。通过对水利水电工程的详细分析，研究其特点，对症下药，总结出实用的景观设计方法、途径。保护生态平衡，带动旅游发展，增加经济效益和社会效益。

（2）设计的现实意义

①有效利用自然景观，增加景观资源。我国人口众多，自然景观和人文景观也数量颇丰，但人均景观量少。水利水电工程建设区远离城市，自然风景优美，多数具备旅游开发潜力，科学进行景观设计，合理利用，为渴望自然、亲近自然的人们提供了好去处。所以，做好景观设计，意义重大。

②创建爱国主义基地和科学教育基地。水利水电工程本身有许多科技含量，而这些科技含量产生的科技成果只为少数人所掌握，行业以外的人很少了解或者根本就不了解。所以要创造条件，让更多的人主动或被动地通过参观、旅游，了解我们国家的科技发展水平，了解自己的国家民族，激发他们的爱国热情，达到科学教育的目的。

③激发认识自然的积极性、增加人际交往。随着经济的发展，生活水平的提高，人们越来越注重生活品质，城市公园、广场、绿地、娱乐场所等已不能满足人们日益增长的精神需求。去户外观光、度假、休养、旅游，并通过摄影、写生、观鸟、自然探究、科学考

察等活动，亲近自然，认识自然，欣赏自然，保护自然，以自然景观和人文景观为消费客体。旅游者置身于自然、真实、完美的情景中，可以陶冶性情、净化心灵，充分感悟和欣赏自然，增加人际交往。

④保护水生态环境，促进人水和谐发展。水利风景区的景观设计是水生态环境保护的有效途径之一。水利风景区在涵养水源、保护生态、改善人居环境等方面都有着极其重要的功能作用。加强水利风景区的景观设计，是促进人与自然和谐相处、构建和谐社会的需要。

⑤保持生态平衡，节约投资。水利水电工程建设中和建成后或多或少地破坏了当地的环境和生态，水利高坝大库大幅度地改变了大自然的景观。进行景观设计，做到少破坏环境和生态，修复和维护环境和生态，增加环境容量，保持生态平衡。

⑥发展经济。水利风景区也是水利行业的重要资源。在确保水利基础设施安全特别是防洪安全的前提下，可以适当地增加景观点、增加游览项目，将部分水利风景区对外开放，既可以为群众提供观光旅游的景点，又可以增加一些水利管理单位的收入，提高社会效益和经济效益。

（二）水利水电工程景观设计范畴及资源分析

1. 水利水电工程景观设计范畴

（1）景观设计概念

景观设计是关于土地的分析、规划、设计、管理、保护和恢复的科学和艺术。广义的景观设计主要包含规划和具体空间设计两个方面。规划是从大规模、大尺度上对景观的把握，具体包括场地规划、土地规划、控制性规划、城市设计和环境规划。场地规划是把建筑、道路、景观节点、地形、水体、植被等诸多因素合理布置和精确规划，使某一块场地最大限度地满足人类使用要求。土地规划相对而言主要是规划土地大规模的发展建设，包括土地划分、土地分析、土地经济社会政策以及生态、技术上的发展规划和可行性研究。控制规划主要是处理土地保护、使用与发展的关系，包括景观地质、开放空间系统、公共游憩系统、排水系统、交通系统等诸多单元之间关系的控制。城市设计主要是城市化地区的公共空间的规划和设计，例如城市形态的把握，和建筑师合作对于建筑面貌的控制，城市相关设施的规划设计（包括街道设施、标志）等，以满足城市经济发展。环境规划主要是指某一区域内自然系统的规划设计和环境保护，目的在于维持自然系统的承载力和可持续性发展。

广义的景观设计概念会随着我们对自然和自身认识的提高而不断完善和更新。

狭义的景观设计综合性很强，其中场地设计和户外空间设计是狭义景观设计的基础和核心。景观设计是在从事建筑物道路和公共设备以外的环境景观空间设计。狭义景观设计中的主要要素是地形、水体、植被、建筑及构筑物，以及公共艺术品等，主要设计对象是城市开放空间，包括广场、步行街、居住区环境、城市街头绿地以及城市滨湖滨河地带等，其目的不但要满足人类生活功能上、生理健康上的要求，还要不断地提高人类生活的品质、丰富人的心理体验和精神追求。

（2）景观设计分类

水利风景资源是指水域（水体）及相关联的岸地、岛屿、林草、建筑等能对人产生吸引力的自然景观和人文景观。

①自然景观。自然景观是由自然地理环境要素构成的，其构成要素包括地貌、生物植被、水以及气候等，在形式上则表现为高山、平原、谷地、丘陵、江海、湖泊等。自然景观是自然地域性的综合体现，不同地理类型的自然景观呈现出不同的地理特点，也体现出不同的审美特点，如雄伟、秀丽、幽雅、辽阔等。

自然景观分为地理地貌类景观、地质类景观、生态类景观、气象类景观、气候类景观。

②人文景观。人文景观是指人类所创造的景观，包括古代人类社会活动的历史遗迹和现代人类社会活动的产物。人文景观是历史发展的产物，具有历史性、人文性、民族性、地域性和实用性等特点。

人文景观分为古代人文景观和现代人文景观。

（3）水利水电工程景观设计内容

从广义和狭义两种景观设计概念看，水利水电工程景观设计也分为景观规划和具体空间设计两部分。景观规划包括场地规划、环境规划、旅游容量规划；具体空间设计包括自然景观的设计、人文景观的设计。

景观规划从景观设计构思、景观设计定位、景观布局和道路交通组织方面进行了分析；景观设计仅对水体景观设计、建筑景观设计和绿化景观设计做了分析。

（4）水利水电工程自然景观设计方法

水利水电工程的自然景观指工程建成区及其周围的一些特殊的自然景观资源，它是景观构成的基本要素，也是景观设计的基础。自然景观包括对动植物、地形地貌、水体、气象、气候等的保护、利用（也叫借景）和开发（也叫造景）。

自然景观千姿百态，在景观设计中应根据其地理位置、面积、地形特点、地表起伏变化的状况、走向、坡度、裸露岩层的分布情况等进行全面的分析、评价。地理位置对景观设计与规划极其重要。

①自然景观的保护。自然界的山体、平原、河流、植物、阳光、风雨等给了人类不同的感官享受，人类把这些能引起愉悦感受的综合体称之为景观。水利水电工程景观设计首先要做的就是保护自然景观。没有保护，就没有后续的利用与开发。自然景观资源是取之有限，用之有度的。不及时保护，就会遭到破坏和毁灭。"保护是前提，发展促保护"是进行景观设计的准则。

②自然景观的利用。水利水电工程建成区及其周围经常有一些特殊的自然景观资源，国家级或地方级保护的动物、植物、珍禽异兽、奇花异草。把它们纳入景观规划范围区，使其成为我们的景观点之一。常用的方法：一是划分专门的珍稀动植物保护区，设参观走廊；二是在邻近保护区设立观景点。

③自然景观的开发。就是把具有重要的科学价值和观赏价值的岩溶地貌、丹霞地貌、雅丹地貌、喀斯特地貌、地震遗址、火山口、石林、土林、断裂地层、古生物化石、洞穴景观、火山、冰川、海岸、花岗岩奇峰等奇特的地质地貌景观开发为旅游景观。

（5）水利水电工程人文景观设计方法

人文景观的设计就是将历史景观与自然景物和人工环境，从功能美学上进行合理的保护、开发与改造利用的活动。它主要是通过文物、古迹、诗文、碑刻这些历史景观，人工筑台、堆山、堆石、人工水景、绿化等这些可以改造的自然景观，以及人工设施景观的建筑物、构筑物、道路、广场和城市设施等元素来反映。

古代人文景观的设计方法包括发掘、保护和搬迁。

①人文景观的发掘。主要针对库区淹没范围内的地下文物。所谓文物，就是历代遗留下来的、在文化发展史上有价值的东西，如建筑、碑刻、工具、武器、生活器皿和各种艺术品等。文物，是不能复制的永恒的历史，也是一个民族辉煌历史最有力的证明。珍视文物，就是珍视历史；保护文物，就是保护自己的血脉。

②人文景观的保护。库区淹没范围内的地下人文景观和地面人文景观。在地面文物保护方面，重庆涪陵白鹤梁题刻、忠县石宝寨等实行原地保护。白鹤梁是三峡库区唯一的全国重点文物保护单位。163段、3万余言题刻和14尾浮雕、线雕石鱼及石刻图案不仅具极高的文学、艺术、历史价值，而且记录了1200余年来长江上游珍贵的水文资料和当地农业丰歉情况，被誉为世所罕见的"水下碑林"和"世界第一古代水位站"。

③人文景观的搬迁。地面人文景观除了原地保护，还可易地搬迁、复建。比如，三峡库区的张飞庙易地搬迁，秭归凤凰山搬迁复建。

现代人文景观设计包括景观的总体规划和布局，以及详细设计。

景观的总体规划和布局主要包括水利水电工程景观立意、景观形态、景观布局以及景观设计构思与定位、道路交通组织等。

景观的详细设计主要包括水利水电工程水体景观设计、建筑景观设计、绿化景观设计、小品景观设计、照明景观设计及游乐设施、服务设施等的设计。

2. 水利水电工程景观资源分析

水，历来被视为"万物之本原，诸生之宗室也"，烟波浩渺的水体是水库的主景。水库周围的群山则是限定水域空间的实体，往往给人以强烈印象。湖滨浅滩、洲岛湖湾，属山水之间的边际风景，是水库景观中变化最丰富的风景元素。与山水共同构成水库景观的还有日、月、雨、雪等因素以及飞鸟走兽和草地林木等动植物景观。

（1）山环水绕，水山竞艳

水利水电工程多在高山峡谷地区，山体自然地形限定了水体的边界，山体连绵，水岸曲折，山环水，水绕山，山水相依。山的巍峨、陡峭衬托了水的温柔、妩媚，水的含蓄、内敛显示了山的张扬、自信，山水共处，互相衬托，魅力倍增。

（2）岛屿众多，形态各异

水库一般在溪谷、江河中筑坝拦水而成。其周围常群山环抱，部分山体因水淹没成洲岛，在高山地区多形成半岛，在丘陵地区则半岛和岛屿兼而有之，数量的多少取决于水库蓄水位高程与原有地形海拔之间的关系。

（3）湖湾曲折，呼角长伸

山地都有众多的沟谷和山冈。水库蓄水后前者成了扑朔迷离的湖湾，后者成了长伸水中的岬角。湖湾使水库多了份神秘，也让景观设计中景点的布置疏密有序，有藏有露，增加看景的趣味。岬角在景观设计中也很好利用，可作为游船码头、钓鱼岛、小游园等。

（4）历史遗迹，风景名胜

水库的人文景观除了一般风景区常见的古建古园和村寨民俗外，历史遗迹及文化奇迹最具特色。

中国是一个具有悠久历史的国家，各大水系又往往是各个历史时期文明的发祥地。因此，许多电站水库基址原有的村寨、古建筑、石刻、奇峰、异石和古树是当地的景观资源。蓄水后这些景观难以再见，但作为一种文化、一种历史却能长存世间。只要引景得当，能勾起游人无限遐想。

（5）水利枢纽，雄伟壮观

雄伟壮观的大坝、泄洪溢洪洞、发电厂房（特别是洞中发电厂房）、输水渠道、跨河桥梁、过水渡槽等一系列水工建筑物，是库区特有的景观资源。另外，大坝坝址的选择、坝型的设计、坝高的确定及发电设施的布置等都体现了设计者高水平的科学技术与文化修养，有很高的科学价值和景观价值。

（三）水利水电工程景观设计对策

1. 水利水电工程景观设计的原则

水利旅游作为旅游业的一支新生力量，以其秀美的山水、壮观的水利工程、浓郁的水文化，吸引了越来越多的人，成为旅游的一朵"奇葩"。近几年，水利行业依托水利工程形成了大量人文景观、自然景观，水利旅游作为发展已取得了一定的经济效益、社会效益和环境效益。为充分发挥水利工程的综合效益，水利部已将水利旅游、供水、发电并列为水利经济的三大内容。发展水利旅游，有利于促进水利经济的增收，壮大水利系统的经济实力。为了促进水利旅游更好地发展，在水利水电工程景观设计过程中应该遵循以下原则：

（1）整体性原则

目前由于受经济、决策者、设计者和施工等其他因素的制约，水利工程建设和水利景观建设不能同步进行，通常是水利水电工程先实施，而后几年甚至十余年时间陆续进行景观设计，开发旅游。为了避免工程建设和景观旅游开发建设脱节带来的种种问题，规划者在进行整体规划时综合考虑，将工程规划设计与景区规划设计有机结合，为后期景观旅游开发建设留有余地，并提供必要的条件。整体规划、分期建设、分步实施是结合水利水电工程发展旅游的一条行之有效的途径。

（2）地方性原则

水利水电工程因其所在地不同，而有不同的自然景观和人文景观，这些与众不同的地方特色景观构成了水利水电工程景观的地方性和独特性。具体表现在：

①充分运用当地的地方性材料、能源和建造技术，特别是独特的地方性植物。

②顺应并尊重地方的自然景观特征，如地形、地貌、气候等。

③根据地方特有的民俗、民情设计人文景观。

④根据地方的审美习惯与使用习惯设计景观建构筑物、小品。

⑤保护和利用景区内现有的古代人文景观和现代人文景观。

⑥既尊重和利用地方特色，又补充和添加新的、体现现代科技文化的景观。

（3）生态可持续原则

水利水电工程区的风景资源利用其开发旅游，就变为旅游资源，不用则是风景资源。不管哪种资源，它们的共性是可破坏性和消耗性。

工程建设和旅游开发过程中，会影响与消耗当地土地、水流、森林等资源；会破坏某些动物、植物、微生物的栖息地，严重者可导致某些物种灭绝。因此，水利水电工程景观设计要坚持在可持续发展的前提下，顺应自然规律，保护生态环境，形成旅游资源的开发与生态环境相适应、相协调，减少对当地土地、水流、森林和其他资源的影响与消耗。具体表现在以下五个方面：

①合理利用景区的土壤、植被和其他自然资源。

②充分利用可再生能源阳光，利用自然通风和降水。

③注重材料的重复利用和循环使用，减少能源的消耗。

④注重生态系统的保护和生物多样性的保护与建立。

⑤充分利用自然景观元素，减少人工痕迹。

（4）独特性原则

世界旅游组织把独特性作为景区开发的第一要素，对水利旅游景点个性的认识和把握要准确，水利景区景点要有唯一性，要具有特色。景区旅游定位应建立在深入调研、考察提炼基础之上，独特性来自对景点内涵的深刻挖掘、比较和揭示。要注重开发新的旅游项目，并且不断地注入新的文化内涵和科技含量，这样才能吸引游客。

水利旅游景观的设计，应该寓教于乐，使游人在享受现代水利所提供的优美环境景观、情操得到陶冶的同时，能够进一步了解水文化、认识水利、热爱水利、宣传水利，使水利旅游景点、景区对提高全民族的水资源保护和节约利用意识起示范作用，成为展示现代水利风貌的窗口。

要正确分析、评价与发掘水利资源的美学观赏价值，特别是要分析某些物体形象或意境的象征性，以达到借景抒怀、陶冶情操更高目的。

2. 水利水电工程景观总体规划对策

景观总体规划包括景观立意、景观形态、景观布局、景观设计构思、景观设计定位和道路交通组织。景观立意影响和决定着景观形态与景观布局。水利水电工程景观总体规划受到政治、经济、文化的综合作用影响。

（1）水利水电工程景观立意

景观立意是景观欣赏主体对景观对象的综合评价。景观立意是为景观欣赏主体服务，充分考虑景观欣赏主体的物质需求、文化需求和精神需求。景观对象是景观立意的实体表现。

（2）水利水电工程景观形态

景观形态是单体景观对象分布排列所形成的整体布局的外在表现形式。通常有自然型、几何型和混合型。

①自然型。自然型来源于自然山水园林和风景式园林。自然型园林讲究"相地合宜，构园得体"，实质就是把自然景观元素和人工造园艺术巧妙地结合，达到"虽由人作，宛

自天开"的效果。

②几何型。几何型又称规则式、整形式。这类园林强调轴线的统率作用，轴线结构明确，景观庄重、严谨。

③混合型。混合型指自然型、几何型交错组合。

（3）水利水电工程景观布局

景观布局简单说就是把景观节点沿景观轴合理布置形成景观区。景观布局包括景观序列和景观分区。

①景观序列

城市公园景点、景区在游览线上逐次展开过程中，通常分为起景、高潮、结景三段式进行处理。也可将高潮和结景合为一体，到高潮即为风景景观的结束，成为两段式的处理。

将三段式、两段式展开，可以用下面的概念顺序表示：

三段式：①序景—起景—发展—转折—②高潮—③转折—收缩—结景—尾景。

二段式：①序景—起景—转折—②高潮（结尾）—尾景。

水利水电工程景观的主体是水体，也就是景观的高潮部分，同时是各景观轴的交点。若水体边界狭长，则可采用三段式，景观轴呈带状；若水体边界接近圆或椭圆，则可采用二段式，景观轴呈环状或放射状。

②景观分区

景观分区方式主要有景观特色分区、功能分区、动静分区、主次分区等。

水利水电工程景观常见的功能分区有大坝观光区、水库运动区、水库度假区、水库沿岸休息区、民族风情园等。

景观分区的思想是功能主义的产物，景观分区有利于形成各景区的特色，但同时也会产生为了追求分区的清楚却牺牲了景观有机构成的现象。

（4）景观设计构思

景观设计构思是指确定景观节点、景观轴线及景观区。

景观节点是景观特征的个体，是单一的或者同主题下的系列景观，一般来说，景观节点包括视觉控制点、对景点以及视线的交会和转折点。视觉控制点有突出的高度或者开阔的视野，在一定区域内是视觉的焦点，可以是自然景点或人工构筑。景点一般位于主要道路口、道路转折交叉口或临水岸线突出区域等重要位置，具有可识别性，造型和品质要能反映临水景观的特性和区位特征。而视线的交会和转折点一般位于重要的道路交叉口或转折处，既是视线的交点又是方位的转换点。

景观轴是人们欣赏水景观的主要视觉走廊和观景运动线，不同的视觉走廊因所穿越的区域不同，性质与特点也有所不同。有的以观赏临水岸地的建筑景观为主，有的则以观赏临水岸地人文景观或自然景观为主，或两者兼有。景观轴的设计须注意良好的视野范围，形成良好的观赏节奏，避免视线被突兀地打断。景观轴线一般沿着通路设置，或是由绿色景观通道形成。同时，景观轴不仅限于方向上的指引与传导，还要具有场所效应，能引人停驻或者导入轴线两侧区域，进一步将人流与视线导向大自然的焦点。

水边的空间形态既适合仰观、平视，也适于俯瞰，不同的观赏角度会有不同的趣味和心理感受。例如，在水库水体中设置小岛，使人感受不同的空间效果。

景观区指的是不同特征或不同主题的各种景观在同一视线域中形成的景观群落。一般按照景观类型、空间性质或活动功能来界定空间领域，各景观区应保持各自特色，包括界限的明确性、活动类型及设施的特性等，人们通过对领域内景观要素的观赏、联想与反馈，从而对区域产生一致性的认识。

（5）景观设计定位

就是确定景观设计的方向，是科学考察类、探险类、观光类、度假休闲类、生态旅游类、运动旅游类还是综合旅游类。设计定位不同，景观设计的内容和方法不同。

①科学考察类。有些水库有丰富的人文历史或宏伟的人工景观，是弘扬文化、传播水利知识的好地方，因此适合开发科普旅游。

②探险旅游。特殊的地形地貌、特殊的水生动植物、异常现象等造就了水库内外多样的探险旅游资源。在这些水库开发此类型旅游模式可以吸引探险者和科学考察者。

③观光旅游。有些水库有较高的观赏价值，但水体有特殊的饮用等功能或水环境较脆弱，只适合开展观光旅游。

④度假休闲旅游。水质优良、气候条件适合或附近拥有特殊的有益物质，如温泉、冷泉、药泉或对于某种疾病有特殊疗效，常常被用于开展度假旅游和各类疗养项目。

⑤生态旅游类。是一种欣赏、探索和认知大自然的高层次旅游活动。它倡导人与大自然的和谐统一，注重在旅游活动中人与自然的情感交流，使游客在名山、丛林、海滨和草原里领略大自然的野趣，认识大自然的规律和变迁，感受大自然对人类的恩赐，真正体会人与大自然的不可分割，从而使人们学会热爱自然、尊重自然并提高保护自然的意识和责任感。

⑥运动旅游类。水面开阔、深度适合，水体自净能力强时，能够开展各种体育运动，这类水库的旅游功能主要就是吸引水上运动的爱好者。这些水库可以为水上友谊赛事，大型水上、冰上体育活动提供场所。

⑦综合旅游类。此种开发融观光、休闲、度假、运动、疗养等功能为一体。该类开发模式一般要求水库水体面积较大、自净能力较强。这些景区多设置划船、垂钓、游乐场等

项目满足游客的观光、休闲等需要；建设度假中心，开发出游艇、游泳、垂钓、滑翔、滑水、潜水、摩托艇等水面、空中、水底立体交叉的水上运动项目。

（6）道路交通组织

道路线型分为直线和曲线，多条直线和曲线构成道路网。道路网是为适应景区内景点布置要求，满足交通和游客游览以及其他需要而形成的。景点是珍珠，道路是穿珍珠的线，不同的道路路线穿出风格各异的珍珠串件。所以，景点固然重要，优秀的道路路线布置更重要。

道路沿线优美的自然风光和人工景观，能增加游览过程中的趣味、避免单调。道路交通组织就是将所有的景观要素沿道路网巧妙和谐地组织起来的一种艺术。

目前常见的道路布置主要包括以下四种：

①方格网式道路网。又称棋盘式，是比较常见的一种道路网类型，它一般适用于地形比较平坦的景区，即平原型水利风景区。用方格网道路划分的区域一般形状整齐，有利于建筑和景观的布置，由于平行方向有多条道路，交通分散，灵活性大，但对角线方向的交通联系不便。有的景区在方格网基础上增加若干条放射干线，以利于对角线方向的交通，但因此又将形成三角形区域和复杂的多路交叉口，既不利于建筑景观布置，又限制了交叉口的交通量。

②环形道路网。这种道路网形式的特点是由几个近似同心的环行组成路网主干线，并且环与环之间有通向外围的干道相连接，干道有利于景区中心同外围景点及外部景点相互之间的联系，在功能上有一定的优势，可以组织不重复的游览路线和交通引导。但是，放射性的干道容易把外围的交通吸引到中心地区，造成中心地区交通拥挤，而且建筑景观也不容易规划布置，交通灵活性不如方格网式。

③自由式道路网。通常是由于地形起伏变化较大，道路结合自然地形呈不规则布置而形成的。这种类型的路网没有一定的格式，往往根据风景区的景点布置而设置，变化多，非直线系数较大，许多景区都采用这种道路网规划形式。如果综合考虑风景区用地的布局、景点的布置、路线走向以及人为景观等因素合理规划，不但能够克服地形起伏带来的影响，而且可以丰富景观内容，增强景观效果。山区型水库常常采用此种路网布置。

④混合式道路网。由于景区景点位置的限制，往往在一个景区内部存在着上述几种道路网形式，组合成为混合式的道路网络。一些景区在总结了几种路网形式的优点后，有意识地进行规划，形成新型的混合式的道路系统，混合道路网的特点是不受其他道路网模式的限制，可以根据景区内部的具体情况综合考虑。

3. 水利水电工程景观详细设计对策

（1）水体景观的设计

水利水电工程的主要景观就是水景。不管是发电、灌溉、供水、航运还是旅游，只要拦河筑坝就会形成大面积的水体。除此之外，下游生态用水，溢洪道或溢流堰排水，明渠水体、前池等，所有水体都可用不同方式处理，使其产生更美的景观。

水利水电工程通常用拦水坝拦蓄江、河、湖泊、溪流等形成大面积水体，由于枢纽工程的截流作用，使库区的水流速度变缓，形成相对静止的水体。水利水电工程的溢洪洞用于平时溢流，泄洪洞用于汛期泄洪，因此可形成类似瀑布的动水水景。

水是景观元素的重要组成部分。人类除了维持生命需要水之外，在情感上也喜欢水。这是因为水具有五光十色的光影、悦耳的声响和众多的娱乐内容。水带给人的感官享受是其他景观元素无法替代的。

利用库区开阔水面开辟具有观赏性、刺激性、既可娱乐又能健身的水上运动，如龙舟、水上摩托、划船等人们乐于参与的群众性游乐活动。

利用溢洪道、泄洪道设计人工瀑布、跌水、水上娱乐项目（如划船、漂流、赛艇等）。

①静水景观的设计

倒影的组织。水库的水体通常是大面积静水。静态的水，它宁静、祥和、明朗，表面平静，能客观地、形象地反映出周围物象的倒影，增加空间的层次感，给人以丰富的想象力。在色彩上，静水能映射出周围环境的四季景象，表现出时空的变化；在光线的照射下，静水可产生倒影、逆光、反射、海市蜃楼，这一切都能使水面变得波光晶莹，色彩缤纷。

水体岸边的植物、建筑、桥梁、山体等在水中形成的倒影，丰富了静水水面。因此有意识地设计、合理地组织水体岸边各景观元素，使其形成各具特色的倒影景观。

利用植物装点。水库水体与岸边交界处常常会形成浅水湾或死水湾，此处经常是蚊虫肆虐的地方，也是游客容易到达的地方。在此处种植水生植物可净化水体、丰富水面效果、形成生态斑块、增加经济收入（如种植荷花）。适宜的水生植物有芦苇、香蒲、荷花、莎草等，种植成片，或者再在其旁建造亭、阁、水榭等，可观花赏月。另外，岸边植柳，树木倒映水中，水面上下两层天，有利于水上划船乘凉。

放养水生动物。在水库中放养适量水生动物，如鱼、螺蛳、蚌等，可净化水质，增添情趣，增加经济收入。

一望无际，烟波浩渺是静态的美；碧波荡漾、银鱼翻腾，水鸟嬉戏、小船飘摇是生机勃勃的美；芦苇随风摇荡、荷花阵阵飘香是一种生态美。

增添人工景观设施。水库内不适宜游泳，多以游船为主。这就应充分利用蓄水形成的全岛和半岛在岛上点缀一些亭子之类的建筑小品，在一片绿荫中凸现出来，吸引人的视线，刺激人的兴奋点。也可考虑结合游船码头，给人们提供一个观景、小憩之处，也便于开辟垂钓项目。有的平原水库水面开阔，莽莽苍苍，一望无边，观感单调，不易引起游人的兴趣。为此，可用洲岛、浮桥、引桥、观景长廊、亭榭等点缀或分割宽阔而单调的水面，增加景观点。

②动水景观的设计

动态水，指流动的水，包括河流、溪流、喷泉、瀑布等。与静水相比，动态水具有活力，而令人兴奋、欢快和激动。如小溪中的潺潺流水、喷泉散溅的水花、瀑布的轰鸣等，都会不同程度地影响人的情绪。

动水分为流水、落水、喷水景观等类型。

第一，流水景观。水利水电工程中的下游河道生态用水、供水设施的明渠、发电用水的明渠，泄水设施的开敞式进水口、尾水渠等都会形成或平缓或激荡的流水景观。在景观规划和设计中合理布局，精心设计，均可形成动人的流水景观。作为景观的引水渠可用混凝土衬砌，也可沿山刻石，除非必须截弯取直，一般建议沿着自然地形形成弯弯曲曲的流水渠。

第二，落水景观。落水景观主要有瀑布和跌水两大类。瀑布是河床陡坎造成的，水从陡坎处滚落下跌，形成瀑布恢宏的景观。

第三，喷水景观。喷水是城市环境景观中运用最为广泛的人为景观，它有利于城市环境景观的水景造型。人工建造的具有装饰性的喷水装置，可以湿润周围空气，减少尘埃，降低气温。喷水的细小水珠同空气分子撞击，能产生大量的负氧离子，改善城市面貌，提高环境景观质量。

水电站的生活区、水利风景区的游客中心、休息广场、停车场等游人集中的地方常常设计各种形态的喷水景观，增加景观元素，活跃气氛。

（2）水工建筑物景观的设计

水工建筑物按其使用情况可分为永久性及临时性建筑物。永久性建筑物是在工程运行中长期使用的，临时性建筑物仅在施工期间使用或者属于为了维护目的设置的建筑物（如围堰、临时围护墙或围堤、施工导流水道和泄水道、不用于永久工程的导流隧洞等建筑物）。

永久性水工建筑物包括大坝、堤、泄水建筑物、取水建筑物、引水渠、干渠、灌溉渠、运河、隧洞、管道、压力池及调压井、厂房、闸房等。

随着经济的发展和人们生活质量的提高，人们更注重建设工程的环境质量。现代水利工程建设，在注重功能导向的同时，还应重视工程的景观设计，重视工程人文、艺术及自然环境景观之间的调和关系。

水工建筑物是水库的基础。在设计阶段，除考虑建筑物的功能、安全和经济外，还应注意美观。这在以往的设计中也有所体现，比如一般枢纽布置就要求布局紧凑、均衡和对称。

①大坝景观

大坝景观，包括拦水坝（含溢洪道）、溢流坝顶附近的建筑物、溢洪槽、溢洪道的消能段、进水口、出水口、栏杆、照明设备、阶梯、开挖边坡、控制室、观望台等，是众多景观元素的集合体。各景观元素既独立，又互相作用、互相影响，形成复杂的景观体系。设计的原则首先是适用、安全、经济，其次是艺术、美观、协调。

②建筑景观

水工建筑物包括引水道和厂房。引水道中的明渠、引水管道，厂房部分的主厂房、副厂房、开关站和升压站等是水电工程景观设计的重点。

现代水利水电工程建筑设计首先应突出人与自然和谐相处的原则，适当加入当地人文艺术及自然环境景观。每个地区不同的地方特色、历史沉淀、经济状况和文化背景，造就了不同的生活习俗与地方特色，这对于一个地区来说是宝贵的财富。因此，景观设计应该把现代科学技术与地方文化特色完美地结合起来，而不是单纯模仿、豪华装修。其次，应突出以人为本的设计思想。水利水电建筑依水而建，自然环境优越，在工程规划阶段，就要充分考虑人的需求，重视周边环境和建筑对人的行为活动和心理产生的影响。重视建筑布局和建筑美化，尊重自然，保护环境，立足现实，积极发展，争取建一个工程添一处美景。

在实际设计中，设计师应优化水利建筑的单体结构，合理布置结构体系，发挥主要专业的龙头作用。尽可能降低工程造价，节约工程经费。加强与相关专业的沟通合作，注重新技术、新工艺、新设备、新材料的应用，创造富有专业特色和文化内涵的水利水电建筑新形象。

（3）绿化景观的设计

水利水电工程从"三通一平"到大坝、厂房、溢洪洞、泄洪洞、导流洞等水利枢纽的地基处理、施工，建筑材料的开采、运输、堆放和弃渣的堆放等，施工过程中常常伴随着地形的改变、植被的破坏。大量的边坡、临时施工道路、临时场地等需要恢复植被，保持水土。另外，生活区、游憩区、广场等也需要绿化，既改善环境，又丰富景观。水利水电工程形成的边坡点多面积大，是绿化景观的重点和难点，因此这里仅对边坡绿化做详细介绍。

①边坡的定义

水利水电工程因施工需要常常会形成各种边坡。

永久道路和临时施工道路的修建（填沟渠、挖山坡）；建筑场地的平整；建筑用土石料的开挖；施工弃渣（打隧洞）；堤坝、渠道的修建，山体滑坡的治理等活动所形成的具有一定坡度的斜坡、堤坝、坡岸、坡地和自然力量（如侵蚀、滑坡、泥石流等）形成的山坡、岸坡、斜坡统称为边坡。边坡分土质边坡和岩石边坡。

边坡的特征是：有一定坡度、自然植被遭到不同程度的人为或地质灾害破坏、易发生严重的水土流失、易失稳（发生滑坡、泥石流等灾害）。

②边坡绿化的目的

随着国家对水电建设的加大投入和对生态环境保护的重视，作为岩、土体开挖创面的植被恢复技术已被工程界逐步认同和接受，而坡地的植被恢复区别于平地植被恢复，坡地植被生长环境相对恶劣，若不及时恢复植被，极易产生水土流失。因此，恢复坡地生态植被环境尤其重要。

边坡绿化的最终目的是：稳定边坡，保持水土；恢复植被，生态平衡；绿化造景，美化环境。边坡绿化和治理同步进行，不是单纯追求美观的绿化。所以，科学的绿化标准是指本地植被的恢复，就是让那些本来就生长在这里的植物在光秃了的土地上重新生长起来，并且根植于土壤中继续繁衍生长。

③边坡绿化的原则

先保基质后绿化美化；乔、灌优先；乔、灌、草、藤相结合；坚持生物多样性、近自然性和可持续性。

因地制宜地选择多种适合当地环境的短、中、长期生长的植物（包括乡土植物），以植物配置的近自然性达到可持续性。在绿化的同时采用植物景观的设计方法，结合边坡形状、周围环境及具体要求设计绿化。

④边坡的几种治理方法

第一，传统治理。为了稳定各种工程边坡和各种地质灾害所形成的边坡，传统方法用石料或混凝土砌筑挡土墙和护面，或采用喷锚支护。这样做克服了边坡带来的严重水土流失和滑坡、泥石流等灾害，但也带来了严重的环境问题，如视觉污染、生态失衡等。

第二，生物治理。利用生物（主要是植物），单独或与其他构筑物配合对边坡进行防护和绿化。

第三，水土保持。水土保持（即土壤保持，因为保持了土壤就保持了水分）工程学的深入研究所得到的成果表明了植被在防止边坡水土流失方面的关键作用。土壤流失考虑了影响土壤流失的所有因素：降雨、土壤的可侵蚀性、边坡长度、边坡的坡度、植被覆盖、土壤保持工程。

边坡自然植被遭到了不同程度的人为或地质灾害破坏，无论采取什么手段对其治理，最好的结果是恢复边坡原有生态系统。这就需要突破传统的"栽树等于绿化"的观念，须从生态学的角度看待边坡治理，即利用恢复生态学的基本理论指导边坡治理。有恢复生态学的理论指导，边坡防护和绿化的实践必将带来新飞跃。

纵观边坡治理的历史发展过程，可以发现一条发展轨迹，即从只注重边坡防护，排除植物，修筑与植物不兼容的防护构筑物；到要利用植物，与防护构筑物配合，既绿化边坡，又防护边坡；在采取工程手段护坡的同时，最终恢复原有生态系统。可以说，边坡防护绿化技术是随着人们的环保意识的增强、恢复生态学的发展而进步的。

⑤边坡绿化景观的设计

第一，绿化方法。有了上述理论基础，人们在边坡治理的实践中，开始重视利用植物的固坡作用。同时，农学、林学、园艺学、生态学知识在边坡生物防护工程中得到广泛应用。扦插技术、修剪技术、土壤改良技术、栽种技术、景观设计、坡改梯技术、施肥技术、保水保湿技术都已用在了边坡工程。几十年的时间内人们创造出了各种各样的防护绿化方法和技术。边坡绿化不仅能防止裸露土、岩边坡水土流失的继续发展，丰富当地的物种资源，而且能改善当地气候，涵养水源，是生态快速恢复的重要举措。

边坡绿化的方法多种多样，目前岩、土坡常用的绿化方法有：按固定植生条件的方法不同，可分为客土植生带绿化法、纤维绿化法、框格客土绿化法；按所用植物不同，可分为草本植物绿化、藤本植物绿化、草灌混合绿化、草卉混合绿化。

第二，土质边坡的绿化。先要查明各绿化区的功能、场地条件、气象、适生植被等条件，然后"对症下药"。

单独利用植物，对边坡进行防护绿化，如植物篱笆、植物桩、植树、栽草皮等。

和护坡建筑物或土工材料配合对边坡进行防护和绿化，如绿化墙（包括栅墙）、框格绿化法、植生带（毯）绿化法、土工网（袋，一维或三维）绿化法、阶梯墙绿化法、带孔砖（或砌块）等。

第三，岩石边坡的绿化。岩石边坡的绿化是在土质边坡绿化的基础上发展起来的，它建立在岩石力学和喷锚结构的基础上。对岩石边坡的稳定过分重视和陡峭岩壁上土壤保持的巨大困难，使人们长期忽略岩石边坡的绿化问题。

第三章　水能计算与水电站及水库的主要参数选择

第一节　水能计算

一、水能资源的基本开发方式

（一）坝式开发

在河道中修建挡水建筑物（拦河坝或闸），以抬高上游水位，形成集中的落差，构成发电水头，这种水能开发方式称为坝式开发。相应方式集中水头的水电站称为坝式水电站。坝式水电站按厂房布置位置的不同，又分为坝后式水电站和河床式水电站。

1. 坝后式水电站

坝后式水电站的厂房位于坝后，即坝的下游侧，与大坝分开，厂房不承受上游水压力。这种形式适合于河床较窄、洪水流量较大的中高水头水电站。

2. 河床式水电站

河床式水电站的厂房位于河床中，是挡水建筑物的一部分，厂房本身直接承受上游水压力。这种形式适合于平原河流低水头水电站。一般修建在中、下游河段上，其引用的流量一般较大。河床式水电站通常为低水头大流量水电站。

有些水电站直接修建在灌渠上，也属河床式水电站。河床式水电站水头不高，一般低于30m。

由于河床式水电站的厂房起挡水作用，所以对其防渗和厂房稳定等方面的技术要求，应给予足够重视。

坝式开发主要有下列特点：

①坝式开发既集中落差，又能形成蓄水库。当水库具有较大的有效库容时，便可实现水资源的综合利用。可同时满足防洪、航运及其他兴利用水要求。

②由于水电站厂房离坝较近，引水建筑物较短，从技术、经济观点考虑，坝式水电站特别是河床式水电站，可以引用较大的流量。

③坝式水电站水头通常受地质、地形、施工技术、经济条件及淹没损失等多方面因素的限制，和其他开发方式相比，其水头相对较小。

④由于坝的工程量大，且形成蓄水库会带来水库淹没问题，从而花费较大的淹没损失费，故坝式水电站一般投资大，工期长，单位造价高。

坝式开发不仅集中落差，一般还能调节水量，所以坝式开发综合利用效益高。坝式开发适用于流量大、坡降较缓且有筑坝建库条件的河段。

（二）引水式开发

当开发的河段坡降较陡，或存在瀑布、急滩等情况时，若采用坝式开发，即使修筑较高的坝，所形成的库容也较小，且坝的造价很高，所以这种情况采用坝式开发显然不合理。此时，可在河段上游筑一低坝，将水导入引水道，引水道的坡降小于原河道的坡降，所以在引水道末端和天然河道之间便形成了落差，再在引水道末端接压力水管，将水引入水电站厂房发电，这种开发方式称为引水式开发。引水式开发是由引水道来集中落差的。由引水道来集中落差的水电站称为引水式水电站，引水道可以是无压的，也可以是有压的。引水式开发所集中的水头，一方面取决于地形条件，另一方面取决于引水道的长短。

用无压引水道（如明渠、无压隧洞等）来集中水头的水电站称为无压引水式水电站。

用有压引水道（如有压隧洞、压力管道等）来集中水头的水电站称为有压引水式水电站。

当有压引水道很长时，为减少其中的水击压力和改善机组的运行条件，常在压力引水道和压力水管的连接处设置调压室。

引水式水电站的主要特点为：

①由于不受淹没及筑坝技术的限制，其水头相对较高。在优越的地形条件下，用坡降较缓的引水建筑物，即使短距离引水也能集中很大落差，特别是有压引水式水电站。

②水电站引用流量小。由于没有调节水库，进水口到厂房河段的区间径流难以利用，且受引水建筑物断面的限制，一般设计流量较小，主要依靠高水头发电。

③由于无蓄水库调节流量，所以水量利用率较差，综合利用效益低，电站规模较小。

④因无水库淹没损失，且工程量又小，所以工期短，单位造价一般较低。

应该注意：对于长引水建筑物，特别是当沿途地形复杂，须修建隧洞、渡槽、倒虹吸管等多种类型的建筑物时，可能工程量大，单位造价高。

引水式开发适用于河道坡降较陡、流量较小或地形、地质条件不允许筑坝的河段。尤其是有下列优良地形条件的河段：

①有瀑布或连续急滩的河段。因原河道以陡坡急泻而下，用较短的引水道便可获得较大水头。

②有较大转弯的河段。有些山区河段，几乎形成环状河湾，且坡降陡峻，可用引水建筑物将环口连通，用截弯取直引水方式，建造比沿河引水短得多的引水道，便可获得较大的水头。

③当河流局部河段相隔不远，且高差很大时，可从高河道向低河道引水发电。

（三）混合式开发

在河段的上游筑坝来集中一部分落差，并形成水库调节径流，再通过有压引水道来集中坝后河段的落差。这种在一个河段上，同时用坝和有压引水道结合起来共同集中落差的开发方式称为混合式开发。相应的水电站称为混合式水电站。

混合式开发因有蓄水库，可调节径流，进行综合利用。它兼有坝式开发和引水式开发的优点，是较理想的开发方式，但必须具备合适的条件。当河段上游坡降较缓，有筑坝建库条件，淹没损失又小，河段下游坡降较陡，有条件用较短的压力引水道便能集中较大的落差时，采用混合式开发是比较经济合理的。

混合式水电站和引水式水电站之间没有明确的分界线。严格地说，混合式水电站的水头是由坝和引水建筑物共同集中的，其坝较高，集中了一定的落差，且一般构成蓄水库。而引水式水电站的水头只由引水建筑物集中，坝较低，只起水流改道作用。在实际工程中，有时并不严格来区分称谓，通常将具有一定长度引水建筑物的水电站统称为引水式水电站。

综上所述，就集中落差的方式来看，坝式开发和引水式开发是两种最基本的类型，混合式开发是两种基本类型的组合。各种开发方式都有其特点和适用条件，应按综合利用原则，据当地水文、地质、地形、建材及经济条件等，因地制宜地选择技术上可行、经济上合理的开发方式。

二、水能计算的目的和基本方法

（一）水能计算的目的

水电站的产品为电能，出力和发电量是水电站的两种动能指标。确定水电站这两种动能指标的计算称为水能计算。在不同的阶段，水电站水能计算的目的是不同的。

在规划设计阶段，进行水能计算的目的主要是选定与水电站及水库有关的参数，如水电站装机容量、正常蓄水位、死水位等。这时可先假定几个水库正常蓄水位方案，算出各方案的水电站出力、发电量等动能指标，结合综合利用部门的要求进行技术经济分析，从中选出最有利的方案，从而确定最优参数。此时，进行水能计算的目的主要是正确选择水电站及水库的最优参数。

在运行阶段，水电站及水库的规模已经确定，但不同的运行方式，水电站的出力及发电量不同，在国民经济中的效益也不同。此时，进行水能计算的目的主要是确定水电站在电力系统中的最有利运行方案。

这两个阶段的水能计算并无原则区别。只是在规划阶段，由于一些参数尚未确定，在计算时须做某些简化处理，如机组效率取为常数、水电站工作方式按等流量或其他方式调节等。待这些参数确定后，再做修正，重新进行水能计算，确定最终动能指标。

（二）水能计算的基本公式

由于河川径流的多变及电力系统负荷要求的变化等，使得水电站的出力随时间而变化，即 $N=f(t)$。

水电站在 $t_1 \sim t_2$ 时段的发电量为：$E = \int_{t_1}^{t_2} N \mathrm{d}t$

但由于水电站的出力变化过程较复杂，很难用常规数学方程表示，故以上积分不容易实现。所以，在实际工作中，常用下式计算水电站的发电量：

$$E = \sum_{t_1}^{t_2} \bar{N} \Delta t \ (\mathrm{kW \cdot h})$$

式中，Δt ——计算时段，单位为 h。其长短主要取决于水电站出力变化情况及计算精度要求，对于无调节水电站及日调节水电站，一般取 $\Delta t = 24\mathrm{h}$（一日）；对于年调节水电站及多年调节水电站，一般取 $\Delta t = 730\mathrm{h}$（1 个月）；视水电站出力变化情况 Δt 也可不固定；

$\bar{N}$ ——水电站在 Δt 内的平均出力，单位为 kW。

（三）水能计算基本方法

水能计算的方法主要有列表法和图解法。列表法概念清晰，应用广泛，适用于兼有复杂综合利用任务的水电站进行水能计算，同时列表法还便于应用计算机进行计算。图解法绘图工作量较大，近年来已较少使用。以下以年调节水电站为例，说明水能计算列表法。

年调节水电站调节周期内各个计算时段的利用流量和出力，与水库的调节方式有关。初步水能计算时，常采用简化的水库调节方式。详细计算时，可根据电力系统规定的出力或通过水库调度图的操作所确定的出力，按定出力调节。所以，水能计算方法可归纳为按定流量调节的水能计算和按定出力调节的水能计算，现分别介绍。

1. 按定流量调节的水能计算

这类水能计算课题是已知水电站水库的正常蓄水位和死水位（兴利库容已定），水库调节方式按确定的流量调节，计算水电站的出力和发电量。

2. 按定出力调节的水能计算

在实际工作中，常常会遇到需解决另外的课题：水电站按规定的出力工作，即水库按确定的出力操作，推求兴利库容及水库的运用过程。

这类水能计算课题并未直接给出用水，而是间接给出的，所以，计算要复杂些。这是因为虽出力为已知，但不能从 $N = AQ_电 H_净$ 中直接求解出发电引用流量 $Q_电$。因为当 N 已定时，$Q_电$ 随水头 $H_净$ 变化，而 $H_净$ 受水库蓄水量变化的影响，水库蓄水量变化又与 $Q_电$ 有关，所以发电引用流量 $Q_电$ 与水头 $H_净$ 互相影响，故须进行试算才能求解。

三、水电站保证出力的计算

（一）无调节水电站保证出力的计算

无调节水电站指水电站上游没有调节水库或库容过小，不能调节天然径流，所以其出力取决于河中当日的天然流量。无调节水电站是一种径流式电站。无调节水电站保证出力指相应于水电站设计保证率的日平均出力。

据长系列日平均流量资料，按出力公式 $N = AQ_电 H_净$ 日计算日平均出力，将日平均出力按由大到小顺序排队，计算其频率，可绘制日平均出力频率曲线。据已知的设计保证率 $P_设$，从该频率曲线中查得相应的日平均出力即为无调节水电站的保证出力。

出力计算中的 $Q_电$ 为日平均天然流量减去水量损失及上游各部门引用流量。无调节水电站的上游水位为常数 $Z_正$，下游水位可据下泄流量查下游水位流量关系曲线求得，上、下游水位差再减去水头损失即为出力计算中的净水头 $H_净$。

在初步设计阶段，可采用代表年法，即选丰、中、枯三个代表年，以日为计算时段，按上述相同的方法计算日平均出力，绘出日平均出力频率曲线，并据已知的设计保证率查得 $N_保$。

为简化计算，常将各年所有的日平均流量由大到小分组，分别统计各组流量的日数及累积总日数，并计算各组末流量相应的频率，且绘制日平均流量频率曲线。由该曲线可查出与设计保证率相应的日平均流量，并按其相应水头求得保证出力。

（二）日调节水电站保证出力的计算

日调节水电站可按发电要求调节日内径流，但其保证出力与无调节水电站相同，也为相应于设计保证率的日平均出力。因此，日调节水电站保证出力计算的列表格式和计算步骤与无调节水电站相同。不过日调节水电站的上游水位是在正常蓄水位与死水位之间变化。简化计算时可取平均水位，即据平均库容（$V_死 + \frac{1}{2}V_兴$）查容积曲线得上游平均水位。

（三）年调节水电站保证出力的计算

年调节水电站的保证出力一般是指符合设计保证率要求的供水期的平均出力，相应供水期的发电量即为保证电能。

计算保证出力是在水库规模已定（正常蓄水位和死水位已定）的前提下进行的。较精确的计算方法为，利用已有的全部水文资料进行水能计算，求得一系列的供水期的平均出力 $N_{供i}$，对其进行频率计算，求得供水期平均出力频率曲线，然后可据选定的设计保证率 $P_设$ 查得 $N_保$。

在规划阶段进行多方案比较时，可按下法简化估算保证出力，用公式法求出设计枯水年供水期的平均发电流量 $Q_供 = (W_供 + V_兴)/T_供$，据平均蓄水库容（$V_死 + V_兴/2$）查容积曲线得供水期上游平均水位，据 $Q_供$ 查下游水位流量关系曲线得供水期下游平均水位，求上、下游水位差，再减去水头损失即得供水期平均净水头 $H_{供净}$，然后直接求出年调节水电站的保证出力。

（四）多年调节水电站保证出力的计算

多年调节水电站的保证出力通常指符合设计保证率要求的枯水系列的平均出力。由于多年调节水电站的调节周期较长，即便是采用长系列水文资料，其包括的枯水系列的个数也不多，所以难以按枯水系列平均出力频率曲线来确定保证出力。通常采用计算设计枯水系列平均出力的方法来计算多年调节水电站的保证出力。具体计算和年调节水电站保证出力的计算基本相同。

将保证出力乘以一年的时间（8 760h）即为多年调节水电站的保证电能。多年调节水电站的保证电能常用年电能表示。

（五）灌溉水库水电站保证出力的计算

有些灌溉水库，常建小型水电站。如灌溉引水口位于大坝下游，引取电站尾水进行灌溉，可使水得到重复利用，以充分发挥水库的综合利用效益。其水电站的工作特点为：发电服从于灌溉，在满足灌溉要求的情况下，尽可能多发电。

因发电服从于灌溉，这类水电站常找不到专为发电的供水期，所以不能按年保证率求出设计枯水年供水期的平均出力作为保证出力。

四、水电站多年平均发电量计算

水电站多年平均年发电量是指水电站在多年工作期间，平均每年所能生产的电能。多年平均年发电量也是水电站的重要动能指标。在规划设计阶段，按照计算精度的不同要求，可采用不同方法计算水电站的多年平均年发电量。

（一）无调节、日调节及年调节水电站多年平均年发电量的计算

1. 中水年法

针对设计中水年（$P=50\%$），进行水能计算。无调节、日调节水电站按旬或日进行调节计算，年调节水电站按月进行调节计算，求得各时段调节流量及水头，并计算各时段平均出力及各时段发电量。因水能转变为电能时，受水轮发电机容量的限制，所以须注意，当计算所得时段出力大于水电站装机容量时，该时段的电能仅能按装机容量计算。对各时段的发电量求和，可得到设计中水年的年发电量，并可将其作为水电站多年平均发电量的估算值。中水年法精度不高，一般在水电站规划阶段进行多方案比较时采用。

2. 三个代表年法

针对三个代表年（丰水年、中水年、枯水年）按前述相同的方法分别计算每个代表年的年发电量，取其平均值即为多年平均年发电量，即：

$$\bar{E} = \frac{1}{3}(E_\text{丰} + E_\text{中} + E_\text{枯})\ (\text{kW} \cdot \text{h})$$

式中，$E_\text{丰}$、$E_\text{中}$、$E_\text{枯}$——丰水年、中水年、枯水年的年发电量。

3. 长系列法

当计算精度要求较高，应对全部水文资料逐年进行计算，求得各年的年发电量，取其平均值作为多年平均年发电量。

（二）多年调节水电站多年平均发电量的计算

多年调节水电站多年平均年发电量的计算常采用设计中水系列法。若要求计算精度高，也可采用长系列法，其计算方法与年调节水电站多年平均年发电量的计算类似。

第二节　水电站及水库的主要参数选择

一、电力系统及电站的容量组成

（一）设计阶段的容量划分

在设计时，按容量所担负的任务可划分为下列组成部分。

1. 最大工作容量（$N_工''$）

用来满足系统最大负荷要求的容量，称为最大工作容量。最大工作容量是装机容量中的主要组成部分，显然，系统的最大工作容量应等于系统设计水平年的年最大负荷值。该负荷值是由系统中所有电站共同承担的。

2. 备用容量（$N_备$）

因在实际运行中，有可能实际负荷超出原计划负荷，或者出于种种原因（如有的机组发生故障或须定期检修等），有些机组会暂时停机，所以，仅设置最大工作容量不能确保系统的正常工作，还必须设置一部分容量储备，这部分容量称为备用容量。备用容量按其作用可分为负荷备用、事故备用、检修备用三种。

显然，为保证系统的正常工作所设置的容量必须包括上面两部分，即最大工作容量和备用容量，这两部分容量之和称为必需容量（$N_必$）。即：

必需容量（$N_必$）= 最大工作容量 $N_工''$ + 备用容量（$N_备$）

电力系统的必需容量是分别装设在系统中的各类电站上的，对于水、火电站混合系统

$$N_{系必} = N_{水必} + N_{火必}$$

$$N_{水必} = N_{水工}'' + N_{水备}$$

$$N_{火必} = N_{火工}'' + N_{火备}$$

式中，$N_{系必}$、$N_{水必}$、$N_{火必}$——系统、水电站、火电站的必需容量；

$N_{水工}''$、$N_{火工}''$——水电站、火电站的最大工作容量；

$N_{水备}$、$N_{火备}$——水电站、火电站的备用容量。

显然，水、火电站混合系统要求的出力，是由系统中水、火电站共同满足的。如果水电站少装（或多装）一些必需容量，火电站就应多装（或少装）相同数量的必需容量，才能满足系统要求。

3. 重复容量（$N_重$）

对于水电站来讲，如果水库调节能力不大，在汛期即使以全部必需容量投入运行仍可

能产生大量弃水，此时，可考虑在必需容量基础上，再加设一部分容量，以便减少弃水，增发季节性电能，节省火电的燃料费。这部分容量称为重复容量。

因为重复容量只有在洪水期时才能投入运行，在枯水期因为水量不足而不能投入工作，所以，它不能替代火电站的必需容量。设置重复容量只是为了增发季节性电能，替代火电站的发电量，从而节约燃料费。

综上所述，电力系统的装机容量及水、火电站的装机容量的组成从设计观点可表示为：

$$N_{系装} = N_{水装} + N_{火装} = N''_{系工} + N_{系备} + N_{重} = N_{系必} + N_{重}$$

$$N_{水装} = N''_{水工} + N_{水备} + N_{重} = N_{水必} + N_{重}$$

$$N_{火装} = N''_{火工} + N_{火备} = N_{火必}$$

式中，$N_{系装}$、$N_{水装}$、$N_{火装}$——系统、水电站、火电站的装机容量；

其他符号意义同上。

（二）运行阶段的容量划分

在运行阶段，系统和电站的装机容量已经确定。系统中电站是按负荷要求进行工作的。由于运行时系统最大负荷出现的时间不长，而系统的最大工作容量是按系统最大负荷设置的，而且在装机容量中还包括备用容量和重复容量，所以电站装机容量并非任何时间都全部处于工作状态。同时，可能出于某种原因（如机组发生故障、火电站缺燃料、水电站水量或水头不足等），部分装机容量不能投入工作。这部分容量称为受阻容量。受阻容量以外的所有容量为可用容量。可用容量中按其所处的状态可分为工作容量（按负荷要求正在工作的容量）和待用容量。待用容量中处于备用状态的为备用容量。其余的处于空闲状态，称之为空闲容量。

由于不同时刻负荷要求不同，再加之其他条件的变化（如机组发生故障情况、火电站燃料供应情况、水电站水量及水头情况等都随时间发生变化），所以，各种状态的容量是随时变化的，且不同的电站和不同的机组处于何种工作状况也是互相转换的。

二、水电站在电力系统中的运行

（一）水、火电站的工作特性

1. 水电站的工作特性

第一，水电站出力和发电量的制约因素较多。水电站的出力和发电量受天然径流的影响，尽管可以利用水库进行径流调节，但遇特殊枯水时期水电站的出力和发电量仍可能不足，并导致正常供电遭受破坏。故水电站正常工作只能达到一定的保证程度。

对于有综合利用任务的水库，水电站发电还要受到各部门用水要求的制约。如兼有防洪和灌溉任务的水库，汛期和灌溉期内水电站发电较多，但冬季其发电则受到制约。下游有航运任务的水库，为保证通航，向下游泄放均匀的流量，水电站则不宜担任变动负荷。

对于低水头径流式水电站，常因汛期下泄流量过大引起下游水位猛涨，而使水头不足，发电受阻。对于具有调节水库的中高水头水电站，当库水位较低时，也有可能使水电站出力不足。

第二，水电站机组操作运用灵便、启闭迅速。水电站机组从停机状态到满负荷运行只需几分钟时间，并能迅速改变出力大小，以适应负荷的剧烈变化。而且水轮机出力在一定范围内变化时，仍可保持较高的效率。所以，有一定的调节性能的水电站适宜担任系统的调峰、调频、负荷备用及事故备用等任务。

第三，由于水电站利用的是天然水能（再生性能源），不消耗燃料，且水电站机电设备及生产过程均较简单，故水电站运行费用较低，且不污染，有利于环境保护。

第四，水电站的建设地点受水能资源、地质及地形等条件的限制。同时，水电站土建工程量大、工期长，且因其一般远离负荷中心地区，故须建高压、远距离输变电工程。另外，修建水库一般会造成淹没损失，须做好移民安置工作。

2. 火电站的工作特性

火电站的主要设备为锅炉、汽轮机和发电机等，我国火电绝大部分以煤为燃料。火电站的工作主要有以下特性：

第一，火电站出力和发电量，不像水电站那样受天然径流的影响，只要供应充足的燃料，发电就有保证，故其工作保证率较高。

第二，火电站工作惰性大，机组启动费时，加荷也较缓慢，从停机状态启动到满负荷运行一般需要 2~3h。火电机组（高温高压机组）还受"技术最小出力"（约为额定出力的 70%）的限制，同时机组出力在额定容量的 85%~90% 时效率最高，单位燃耗最小。所以，火电站适宜担任系统的基荷，不宜承担变动负荷。

第三，由于火电必须消耗大量的燃料（一次性能源），且机组设备较复杂，厂用电及所需管理人员也多，所以，火电运行费远比水电高。另外，火电站污染环境，须采取环保措施。

（二）水电站在电力系统中的运行方式

1. 无调节水电站的运行方式

无调节水电站不能存蓄多余水量，如果承担变动负荷，将产生大量弃水。为了充分利用水能，无调节水电站应全年担负基荷工作。具体位置由无调节水电站的日水流出力决定，但超过装机容量部分为弃水出力。

2. 日调节水电站的运行方式

日调节水电站能对一昼夜内的天然来水量进行调节，所以，可以承担变动负荷。

在不产生弃水且无其他限制条件的情况下，应尽量让日调节水电站担任系统的峰荷，以充分发挥水轮发电机组操作运用灵便、启闭迅速、能适应负荷变化的优点，并使系统中的火电站能在日负荷图的基荷部分工作，以取得高热效率，降低单位电能的燃料消耗。

若日调节水电站在峰荷运行会产生弃水，其工作位置应随来水流量的增大从峰荷逐渐下移，以充分利用水能资源。由于不同年份和年内不同季节的来水量变化较大，所以，日调节水电站的工作位置也应相应调整。

第一，在设计枯水年，水电站在枯水期内的工作位置是以最大工作容量担任系统的峰荷。当初汛期开始后，河中天然来水逐渐增加，若日调节水电站仍在峰荷运行，即使以全部装机容量投入工作，仍不免产生弃水，此时，其工作位置应逐渐下降到腰荷与基荷。在汛期，河中天然来水量很大，日调节水电站应以全部装机容量在基荷运行，以尽量减少弃水量。在汛后，河中天然来水量逐渐减小，日调节水电站的工作位置应逐渐上移，直到上移到峰荷。又开始为枯水期，天然来水流量较小，日调节水电站又以最大工作容量在峰荷运行。

第二，在丰水年份，河中天然来水量较多，即使是在枯水期，日调节水电站也可能担任系统负荷中的峰荷与部分腰荷。在初汛后期，就有可能发生弃水，日调节水电站应以全部装机容量承担基荷。在汛后初期，可能来水仍较多，若继续有弃水，水电站仍应承担基荷，直到进入枯水期后，其工作位置便可恢复到腰荷，并随来水量的减少逐渐上升到峰荷。

3. 年调节水电站的运行方式

年调节水电站的调节能力较强，可对一年内的天然径流进行调节。

（1）设计枯水年的运行方式

年调节水电站在设计枯水年中各个时期的工作位置现分述如下：

①供水期。在设计枯水年的供水期，河中的天然流量常常小于水电站发出保证出力所需的调节流量。该时期，水电站一般担任峰荷，按保证出力工作。

②蓄水期。从蓄水期开始，天然流量逐渐增加，水库开始蓄水。蓄水期开始时，水电站可在峰、腰荷位置工作，当水库蓄水至相当程度，如天然来水量仍在增加，则可加大水电站引用流量，工作位置随之下移，从腰荷降至基荷。在蓄水期，将其多余水量全部蓄入水库，至弃水期水库蓄满。

③弃水期。水库在蓄水期蓄满后，河中天然来水量仍很大，其来水流量有可能超过水轮机最大过水能力。此时，尽管水电站以全部装机容量在基荷位置工作，仍不可避免产生弃水，至不蓄期天然流量等于水轮机最大过水能力为止，弃水结束。

④不蓄不供期。不蓄期以后，河中天然流量小于水轮机最大过水能力，但仍大于水电站发出保证出力所需的调节流量。由于此时水库已蓄满，为充分利用水能资源，水电站按天然流量发电，水库既不蓄水也不供水，保持库满。其工作位置将随河中天然流量的逐渐减小，由基荷逐渐上移，至峰荷位置与供水期衔接。

（2）丰水年的运行方式

丰水年的天然来水量较多，为避免弃水，即使在供水期水电站也可能担任腰荷和部分基荷。具体引用流量大小应统筹考虑，既要避免因引用流量过小，供水期末用不完水库中的蓄水量而使汛期内弃水增加，又要避免供水期前段因引用流量过大而影响后段水电站及其他用水部门的正常工作。在蓄水期，水量充沛，水电站应迅速转至基荷位置工作。在弃水期，水电站应以全部装机容量在基荷位置工作。

4. 多年调节水电站的运行方式

多年调节水电站的调节库容较大，其径流调节程度和水量利用率比年调节水库大得多，只有遇到连续丰水年才能蓄满水库，并有可能发生弃水。故多年调节水电站在一般年份均按保证出力工作，且全年在电力系统负荷图上担任峰荷。在年内丰水期或系统负荷较低的时期内，水电站可适当加大出力，以保证此时期内火电站机组进行计划检修。

三、水电站装机容量选择

（一）水电站最大工作容量的确定

设计水平年电力系统的最大负荷值 $N''_{系}$ 为定值，该值是由系统中的所有电站共同承担的，其中水电站所承担的最大负荷称为水电站最大工作容量。

电力系统中水电站的最大工作容量是按照电力电量平衡原则确定的。按照电力平衡原则，电力系统（指火电站和水电站混合系统）中的电站的工作容量应随时满足系统负荷的要求，为此有：

$$N''_{火工} = N''_{水工} = P''_{系}$$

式中，$N''_{火工}$、$N''_{水工}$——电力系统中所有火电站、所有水电站最大工作容量之和；

$P''_{系}$——电力系统设计水平年的最大负荷。

按照电能平衡原则，在任何时段内，电力系统（指火电站和水电站混合系统）中的电站所能提供的电能应能满足系统电能的要求，为此有：

$$E_{火保} + E_{水保} = E_{系保}$$

式中，$E_{火保}$、$E_{水保}$——电力系统中所有火电站、所有水电站的保证电能；

$E_{系保}$——电力系统要求提供的保证电能。

按照电力电能平衡原则，任何时刻的出力及任何时段的电能均应达到平衡。上述两式表明，在系统出现最大负荷及系统发电受到限制时，要求达到电力、电能平衡的条件。

系统的负荷由火电站和水电站的工作容量共同平衡。当电站提供相同的日电能，但在负荷图中的工作位置不同时，能够承担的最大工作容量则不同。

因水电站适于承担变动负荷，同时在水电站水库的正常蓄水位及死水位确定的情况下，水电站补充装机的单位千瓦造价低于火电站补充装机的单位千瓦造价，所以应尽可能让水电站承担变动负荷，加大水电站的最大工作容量。

（二）水电站备用容量的确定

为使电力系统能够正常运行，并保证其供电质量及可靠性，应设置一部分备用容量。备用容量按其任务可分为以下三种：

1. 负荷备用容量 $N_{负}$

在实际运行中，电力系统的负荷处于不断变动中，例如冶金工业中巨型轧钢机在轧钢时，电气化铁路在列车启动时，都会造成系统负荷瞬间跳动。此时实际的负荷有可能超过原计划的最大负荷 $N''_{系}$，所以必须设置一部分备用容量，用来承担这部分超计划负荷，以保证供电质量。这部分备用容量称为负荷备用容量。负荷备用一般按经验确定。按照有关规范，电力系统的负荷备用容量可采用系统最大负荷的 5% 左右。由于水电站启动灵便，能迅速适应负荷的急剧变化，所以，负荷备用容量一般由靠近负荷中心的调节性能较好的水电站承担。若负荷备用容量较大，可由两个或多个水电站承担。

2. 事故备用容量 $N_{事}$

在实际运行中，系统中任一台机组都有可能发生事故而停机。为保证系统的正常运行，必须装设一部分备用容量，以便在机组发生事故时能迅速投入工作，这部分容量即为事故备用容量。系统机组发生事故的多少，与机组的状况和工作条件有关。实际工作中，事故备用容量按规范确定。有关规范规定，电力系统的事故备用容量可采用系统最大负荷的 10% 左右，但事故备用容量不得小于系统最大一台机组的容量。事故备用容量可由水电站和火电站共同承担，规划阶段，系统的事故备用容量可按水、火电站最大工作容量的比例分配。在水电站上装设事故备用容量必须留有备用水量，当备用水量占水库容积比重较大时，应考虑留有备用库容。

3. 检修备用容量 $N_{检}$

为了延长机组的寿命，降低事故率，电力系统中的各个机组必须有计划地进行检修，这种检修可安排在负荷低落时期进行。

设置检修备用容量时，可考虑火电机组每年大修一次，每台每年检修时间 30 天；水电机组两年大修一次，每台每年检修时间 15 天。规划设计阶段，按已确定的水、火电各种容量和检修时间，可计算所需的检修面积 $F_{需}$（检修面积等于需检修的容量与检修时间的乘积，单位为 kW·d），同时，按设计水平年最大工作容量负荷图，可以计算负荷图实有的检修面积 $F_{实}$。若 $F_{需} > F_{实}$，则需要设置检修备用容量 $N_{检}$。$N_{检}$ 可按下式估算：

$$N_{检} = \frac{F_{需} - F_{实}}{365}$$

（三）水电站重复容量的确定

对于无调节水电站或调节性能较差的水电站，在汛期即使以全部必须容量投入工作，仍产生大量弃水。为了减少弃水，充分利用水能资源，应在必须容量以外设置重复容量。

1. 确定水电站重复容量的动能经济计算

设置重复容量可增加水电站的季节性发电量，减少火电站的燃料消费，但同时要增加水电站的投资和年运行费。因较大弃水出现的概率较小，因此重复容量增大时，其效益的增加率将逐渐减小。为确定合理的重复容量，应进行动能经济计算。

经过径流调节的水流具有一定的水能，如果水电站仅设置必须容量 $N_{必}$，当水流出力大于 $N_{必}$ 时即出现弃水。按长系列径流资料进行水能调节计算，并进行统计分析，可求得水电站设置 $N_{必}$ 后，多年期间，弃水出力平均每年大于等于某弃水出力值 $N_{弃}$ 的时间（称为弃水出力持续时间，以小时计）。

如在必须容量 $N_{必}$ 之外设置重复容量 $N_{重}$ 则可利用以上弃水。多年期间，$N_{重}$ 平均每年能够全部投入运行的时间，应等于弃水出力 $N_{弃} \geqslant N_{重}$ 的时间，亦即 $N_{弃} = N_{重}$ 的弃水持续时间。随着 $N_{重}$ 的增大，能够利用的弃水出力将增大，但 $N_{重}$ 平均每年能够全部投入运行的时间将减少。设在 $N_{重}$ 的基础上，每增设一个微小的 $\Delta N_{重}$，可以近似认为，$\Delta N_{重}$ 在多年期间平均每年投入运行的时间与 $N_{重}$ 全部投入运行的时间相等。随着 $N_{重}$ 的增大，相应 $\Delta N_{重}$ 平均每年投入运行的时间和效益都将减小，经济上合理的 $N_{重}$，应当按其对应的 $\Delta N_{重}$ 产生的效益与费用相等的条件确定。定义在经济使用年限中，效益与费用相等时，$\Delta N_重$平均每年工作的小时数为重复容量 $N_重$ 的年经济利用小时数 $h_经$，按照动态经济分析方法，可以推出：

$$h_经 = \frac{k_水\left[\dfrac{i(1+i)^n}{(1+i)^n-1} + p_水\right]}{af}$$

式中，$k_水$——水电站设置单位重复容量的造价，元/kW；

i——额定资金收益率（进行国民经济评价时，为社会折现率）；

n——重复容量经济使用年限，可取为 25 年；

$p_水$——水电站重复容量年运行费用率，即运行费与造价的比值，可取为 2%~3%；

a——考虑水电站厂用电少于火电站，将水电发电量折算为火电发电量的系数，可取为 1.05；

f——火电站 $1kW \cdot h$ 发电量所需的燃料费，元/（$kW \cdot h$）。

求得 $h_经$ 后，便可按照 $h_经$ 在弃水出力持续时间曲线上查得经济上合理的重复容量 $N_重$。

2. 确定水电站重复容量的步骤

①绘制水电站弃水出力持续时间曲线。据初定的必须容量对全部水文系列进行径流调节、水能计算，并进行统计计算，求得不同弃水出力的持续时间。

②计算重复容量经济年利用小时数。按照式〔$h_经 = \dfrac{k_水\left[\dfrac{i(1+i)^n}{(1+i)^n-1} + p_水\right]}{af}$〕可求得重复容量经济年利用小时数 $h_经$。

③确定重复容量。据在弃水出力持续时间曲线上查得弃水出力持续时间等于 $h_经$ 的 $N_重$ 即为所求的水电站重复容量。

按上述方法分别求出水电站的最大工作容量、备用容量及重复容量，这三种容量之和便为水电站装机容量的初定值。然后可按水电站的工作水头和水轮发电机制造厂家的生产型谱，并考虑水工布置要求，确定机组的型号、台数和水电站装机容量。对于大中型水电站，还应进行电力系统电力电能平衡分析，以便最终确定水电站的装机。

（四）水电站装机容量选择的简化方法

以上介绍的按电力电能平衡原则选择水电站装机容量方法，结果比较准确，但计算工作量大，且对水文及负荷资料要求均较高。在初步方案比较，或小型水电站规划设计缺乏资料时，可采用简化法估算水电站装机容量。现介绍一种常用的简化方法，即"装机容量年利用小时数法"。

装机容量年利用小时数 $h_{年}$ 是指水电站多年平均年发电量 $\bar{E}_{年}$ 年与水电站装机容量 $N_{装}$ 的比值，即：

$$h_{年} = \bar{E}_{年} / N_{装}$$

装机容量年利用小时数 $h_{年}$ 反映了水电站设备的利用程度，同时也反映了水能利用的程度。$h_{年}$ 过小，说明设备利用率低，装机容量偏大，但水能利用较充分。$h_{年}$ 过大，虽设备利用率高，但装机容量偏小，水能资源得不到充分利用。所以，水电站的 $h_{年}$ 应在合理范围内。水电站的调节性能、地区水资源条件、电网中水电比重等情况不同以及合理取值不同，设计水电站时可参考表 3-1 选择合适的装机容量年利用小时数 $h_{年设}$。

$h_{年设}$ 选定后，可以按照以下方法确定装机容量。假设几个装机容量 $N_{装1}$、$N_{装2}$、$N_{装3}$ 等，按照前面所述的水电站多年平均发电量的计算方法，分别求出各装机容量相应的水电站多年平均发电量 $\bar{E}_{年1}$、$\bar{E}_{年2}$、$\bar{E}_{年3}$ 等，由上式计算出相应的装机容量年利用小时数 $h_{年1}$、$h_{年2}$、$h_{年3}$ 等，则可绘制装机容量与装机容量年利用小时数的关系曲线，即 $N_{装}$-$h_{年}$ 关系曲线。根据选定的 $h_{年设}$，从该图中可查出 $h_{年} = h_{年设}$ 时的装机容量，即为所求的设计装机容量 $N_{装设}$。

表 3-1　水电站装机容量年利用小时数 $h_{年设}$ 参考值（单位：h）

水电站调节性能	电网中水电比重较大	电网中水电比重较小
无调节	5 500~7 000	5 000~6 000
日调节	4 500~6 000	4 000~5 000
年调节	3 500~5 000	3 000~4 000
多年调节	3 000~5 000	2 500~3 500

四、以发电为主的水库特征水位的选择

（一）正常蓄水位的选择

正常蓄水位决定着水利枢纽的规模、水库调节性能、水电站装机容量及综合利用各部门的效益，同时，还关系着整个水利枢纽的工程投资、水库淹没损失、移民安置以及地区经济发展等。所以，正常蓄水位必须通过社会、经济、技术和环境等多方面综合分析来确定。

1. 正常蓄水位与水电站动能指标的关系

正常蓄水位抬高，水库的调节能力便加大，同时水电站的出力、发电量及其他综合利用效益增大，但效益的增长速度却随着正常蓄水位的抬高而减慢。因为当正常蓄水位较低时，调节库容很小，水电站保证出力及年发电量都较小，在此基础上，如抬高正常蓄水位，不但水头增加，调节水量也增加较多，水电站保证出力、最大工作容量、装机容量及年发电量等均有较大增加。随着正常蓄水位的抬高，水库调节能力越来越大，弃水量越来

越少，水量利用程度越来越高，当正常蓄水位抬高到某一程度，若再抬高正常蓄水位，效益的增长速度将减慢。

2. 正常蓄水位与水电站经济指标的关系

从经济指标方面考虑，抬高正常蓄水位，使工程量、水库淹没损失、投资及年运行费等都增大，且增大的速度随着正常蓄水位的抬高而加快。因为水电站的总投资中相当大一部分为坝的投资，而坝的投资为坝高的高次方，再者，随着正常蓄水位的抬高，水库淹没损失增加越来越快，故随着正常蓄水位的抬高，水电站经济指标是不断增长的，且增长率逐渐增大。

通过上面两个方面的分析可知，抬高正常蓄水位，一方面对水电站动能指标带来有利影响，另一方面对水电站经济指标带来不利影响，所以正常蓄水位的选择，必须经过技术经济比较来选择。

3. 正常蓄水位选择的主要步骤

①确定正常蓄水位的上、下限。根据枢纽承担的任务及具体条件，选定正常蓄水位的上限值和下限值。正常蓄水位的上限值可能受到以下因素限制：

第一，坝址及库区的地形地质条件。当坝高达到某一高程后，由于地形突然开阔或库区范围内出现许多垭口，使主坝加长，副坝增多，主、副坝工程量过大而不经济，因而限制正常蓄水位的抬高。由于坝址地质情况不良，可能使基础承载能力受限，或当库区某一高程存在断层、裂隙，会造成大量渗漏损失等，均可能限制正常蓄水位的抬高。

第二，库区淹没、浸没条件。若正常蓄水位达到某一高程后，再抬高，将会淹没重要城镇、工矿企业、重要交通干线及名胜古迹等，使淹没损失过大或移民安置困难，从而使正常蓄水位的抬高受到限制。

第三，河流的梯级开发。在河流梯级开发布置中，应使正常蓄水位不影响上一级水库的设置。

第四，水量利用程度及水量损失情况。当正常蓄水位达到某一高程后，调节库容已经很大，水量利用程度已较充分。此时，若再抬高正常蓄水位，可能水库蒸发损失及渗漏损失增加较多，因而限制正常蓄水位的抬高。

正常蓄水位的下限值一般由发电或其他综合利用部门的最低水位要求确定。

②在正常蓄水位的上、下限范围内拟定几个正常蓄水位方案。通常方案选在地形、地质、效益、费用及淹没损失发生显著变化的高程处。

③针对拟订的各方案进行径流调节和水能计算，估算各方案水电站的保证出力、多年平均年发电量、装机容量及其他综合利用效益指标。

④求出各方案之间动能指标和其他效益指标的差值。为保证各方案对国民经济具有同

等效益，应选择适当的替代方案来补充各方案之间的差值。如水电站可选取凝汽式火电站作为替代方案，水库自流灌溉可取提水灌溉作为替代方案等。

⑤计算各等效方案的工程量、投资和运行费；计算各方案的淹没、浸没的实物指标及其补偿费用。

⑥据水库调节性能及其承担的主要任务，初步拟定各正常蓄水位方案相应的消落深度 $h_{消}$（正常蓄水位至死水位之间的深度）。$h_{消}$ 可参考下列经验数据拟定，坝式年调节水电站 $h_{消}$＝（25%～30%）$H_{最大}$，坝式多年调节水电站 $h_{消}$＝（30%～40%）$H_{最大}$，混合式水电站 $h_{消}$＝40%$H_{最大}$。$H_{最大}$ 为坝所集中的最大水头。

⑦采用动态经济计算方法，进行各方案的经济比较，再结合本地区经济发展规划并考虑社会、环境和其他因素进行综合分析，选择技术上能够实现、经济上合理、财务上可行的正常蓄水位方案。

（二）死水位的选择

死水位是水库在正常运用情况下允许消落的最低水位。死水位的选择是在正常蓄水位已定的情况下进行的。当正常蓄水位确定后，死水位的高低决定着调节库容的大小，死水位越低，消落深度越大，调节库容就越大，水电站利用的水量就越多，但水电站的平均水头也随着死水位的降低而减小。因水电站的出力不仅与利用的水量有关，还与水头有关，所以并非死水位越低对发电越有利，当死水位降低到一定程度后，出力或发电量反而减小。

选择死水位时，除考虑发电对死水位的要求外，还应考虑其他因素影响。当要求水库为综合利用各部门提供一定的用水量时，由死水位决定的调节库容应能满足其他综合利用各部门用水量要求。当从水库中取水自流灌溉时，应考虑总干渠进水口引水高程的要求，应尽可能扩大自流灌溉控制面积，所选择的死水位应满足放水建筑物泄放灌溉渠道设计流量的最小水头要求。当水库上游有航运、筏运、养殖、环境美化等任务时，应考虑其对死水位要求，死水位均不能过低。另外，死水位还应满足水轮机最小水头及泥沙淤积要求。选择死水位的主要步骤如下：

①综合分析各方面因素，确定死水位的上、下限。在上、下限范围内拟定几个死水位方案。

②在正常蓄水位已定的情况下，针对所拟订的各个死水位方案，进行径流调节及水能计算，求出各方案的保证出力和多年平均年发电量。

③用电力电量平衡法求出各方案相应的最大工作容量、必需容量和装机容量。

④计算各方案相应的工程投资和运行费。

⑤为使各方案能同等程度地满足国民经济对电力、电量及其他综合利用效益的要求，应分析确定各方案的补充替代工程方案，并计算出各方案所需替代补充费用；计算各等效方案的总费用，按费用最小原则，并综合考虑各方案的社会、环境等综合影响，最终确定出合理的死水位。

（三）水电站主要参数选择的程序简介

水电站的主要参数包括装机容量、正常蓄水位及死水位。这些参数的选择主要在初步设计阶段进行，它们决定着水电站及水库的工程规模、投资、工期及效益等。

在水电站主要参数选择之前，首先按照河流规划及河段的梯级开发方案，对本设计的任务进行深入的研究，收集、补充并审查水文、地质、地形、淹没、电力系统等各方面的有关基本资料。然后调查各部门对水库的综合利用要求及国民经济发展计划，并了解当地政府对水库淹没及移民规划的意见。

水电站的主要参数之间是相互关联、相互影响的。所以在进行参数选择时，往往是先假定，再校核，反复进行，不断修正。其简要步骤如下：

①初选正常蓄水位方案。在正常蓄水位的上、下限范围内拟订若干正常蓄水位方案，按前述正常蓄水位选择的方法初步选出合理的正常蓄水位。

②初选死水位。针对已初选的正常蓄水位，拟订若干死水位方案，对每一个方案进行分析计算，按前述的死水位选择方法初步选出合理的死水位。

③初定装机容量。针对初选的正常蓄水位及死水位，进行径流调节、水能计算。由电力系统电力电量平衡确定水电站的最大工作容量，据水电站的调节性能及其在电力系统中的任务，并考虑其他影响因素，进行分析计算，选出水电站的备用容量和重复容量，从而初定水电站的装机容量。

经以上三个步骤，便可初定三个主要参数，作为第一轮初选结果。

④依据第一轮初选结果，重复上述步骤，可得出第二轮选择结果。依此不断修正，逐渐逼近，最终可选出合理的水电站主要参数。

水电站的参数正常蓄水位、死水位及水电站装机容量之间是相互关联、相互影响的。选择装机容量时应已知正常蓄水位和死水位，而选择正常蓄水位和死水位时又须考虑装机容量，以计算相应的发电效益。所以，选择这三个参数时，通常是先假定，后校核，由粗到细，经过反复计算、分析、比较才能最后确定。这些参数的选择，不仅要进行经济评价，还应在动能经济计算的基础上，综合经济、社会、环境等多方面因素统筹考虑，从而选出最优的水电站主要参数。

第四章 水电站的特点与进水口、引水道建筑物设计

第一节 水电站的作用与特点

一、水力发电资源的基本特点

（一）我国陆地水力发电资源的基本情况

我国是一个缺水严重的国家。我国淡水资源总量为 2.7 万亿立方米，占全球水资源的 6%，但是我国人口众多，人均淡水资源低于世界平均水平，仅为世界平均水平的 1/4、属于缺水严重的国家。扣除难以利用的洪水径流和散布在偏远地区的地下水资源后我国实际可利用的淡水资源量则更少，仅为 11 000 亿立方米左右，人均可利用水资源量约为 900 立方米，且其分布极不均衡。

1. 我国水资源的主要特点

①总量并不丰富、人均占有量更低，人均占有量为 2 240 立方米，约为世界人均的 1/4。

②地区分布不均、水土资源不相匹配，长江流域及其以南地区面积只占全国的 36.5%，其水资源量却占全国的 81%。淮河流域及其以北地区的国土面积占全国的 63.5%，其水资源量仅占全国水资源总量的 19%。

③年内年际分配不匀、旱涝灾害频繁，大部分地区年内连续四个月降水量占全年的 70% 以上，连续丰水或连续枯水年较为常见。

2. 我国水资源的状况

①降水总量。平均年降水总量为 6.3 万亿立方米，折合降水量为 651mm，比全球陆地平均值低约 21%。受气候和地形影响，降水的地区分布极不均匀，从东南沿海向西北内陆递减。

②河川径流量。在我国降水量中约有 56% 通过陆面蒸发返回空中，其余约 44% 形成径流。全国河川径流量为 2.8 万亿立方米，折合径流量为 286mm。其中，地下水排泄量为 6791 亿立方米，约占 28%；冰川融水补给量为 572 亿立方米，约占 3%；从我国境外流入的水量约为 171 亿立方米。

③土壤水通量。根据陆面蒸散发量和地下水排泄量估算，全国土壤水通量约为 4.3 万亿立方米（约占降水总量的 68%），其中约有 16% 通过重力作用补给地下含水层，最后由河道排泄形成河川基流量，其余 3.6 万亿立方米消耗于土壤和植被的蒸散发。

④地下水资源量。地下水资源量是指与降水、地表水有直接补排关系的地下水总补给量。根据水资源开发利用现状，全国多年平均地下水资源量约为 8 297 亿立方米，其中有 6 773 亿立方米分布于山丘区，1 882 亿立方米分布于平原区，山区与平原区的重复交换量约为 358 亿立方米。

⑤水资源总量。扣除地表水和地下水相互转化的重复量，截至 2022 年我国水资源总量为 2.66 万亿立方米；其比河川径流量多的 1 009 亿立方米水量是平原、山间河谷与盆地中降水和地表水补给地下水的部分水量，在不开采地下水的情况下，这部分水量以潜水蒸发的形式消耗，通过地下水开采，可以从蒸发中夺取部分水量加以利用。经过计算，平均年潜水蒸发量在北方平原地区为 845 亿立方米，在南方平原地区为 120 亿立方米。

3. 我国水资源的分布特点

我国按河流水系将全国划分成十大流域，即黑龙江流域、辽河流域、海河流域、黄河流域、淮河流域、长江流域、珠江流域、东南诸河流域、海南诸河流域和内陆河流域。我国的水资源主要是由大气降水补给的河流、湖泊、土壤水和地下水等淡水资源。我国水资源的分布特点可归纳为以下四点：

①河流众多。全国流域面积大于 1 000km^2 的河流约有 1 500 条；流域面积在 100km^2 以上的河流有 50 000 多条。在河流两岸形成了我国主要的农业区、运输网和发达的工业区。

②径流量大。所谓径流量，是指单位时间内通过河流量某断面的水量。我国江河多年平均径流总量约 27 000 亿 m^3，居世界第 6 位。

③水能资源丰富。我国大中型水电站约 2 000 座，其中 100 万千瓦级大型水电站约 100 座，25 万千瓦以上中型水电站约 200 座。20 世纪 90 年代对各大江河流域的水能资源进行了复查，中国水能资源理论蕴藏量约为 6.878 亿千瓦，其中技术可开发的装机容量为 4.47 亿千瓦，经济可开发的装机容量为 2.96 亿千瓦，均占世界首位。在技术可开发蕴藏量中，长江流域占 59.2%，雅鲁藏布江流域（流入印度洋）占 14.7%，澜沧江流域（流入湄公河，已建有漫湾、小湾、糯扎渡水电站）占 7.3%，黄河流域占 8.9%，珠江流域占 7.4%，怒江流域占 3.7%。

④水资源分布特异性强。在我国幅员辽阔的国土上，山地占全国总面积的 33%，高原占全国总面积的 26%，丘陵占全国总面积的 10%，盆地占全国总面积的 19%，平原占全国

总面积的 12%。各地降水量时空分布很不均匀（以斜贯我国的 400mm 等雨量线划界，在此线西北为干旱和半干旱地区，约占全国国土面积的 45%，气候干燥、雨量稀少、农作物需要常年灌溉。在此线以东，降水量由西北到东南逐步增加，但受季风的影响，降水量在时间和空间分布很不均匀）。降水量在时间上分布不均，汛期雨量占全年降水量的 50% ~ 70%（7 月—10 月），冬春枯水期雨量占全年降水量的 10% ~ 20%（11 月—来年 3 月）。

总之，我国的水资源状况不容乐观，典型表现是北方资源性缺水、南方水质性缺水、中西部工程性缺水。

（二）我国陆地水力发电资源利用现状

我国的水资源相对比较匮乏，但水力资源却还是极其丰富的，仅各水系水力资源理论蕴藏量就达 676 亿千瓦，其中可开发的 500kW 以上的水电站总装机容量为 3.78 亿千瓦，年发电量为 19 233.04 亿 kW·h。我国水力资源具有以下三个方面特点：

①水力资源在地区分布上不均衡、与经济发展现状不匹配。我国经济相对落后的西南、西北地区的水力资源约占全国可开发水力资源的 7%，中南地区的水力资源约占全国可开发水力资源的 15.5%，东北、华北和华东三大区的水力资源共占全国可开发水力资源的 6.8%。全国 70% 以上的大型水电站和 80% 以上的特大型水电站集中分布在云、贵、川、藏等西南四省区。

②河流主要由降雨形成，径流年内水量分配很不均匀、丰枯流量相差悬殊。因此，在开发水力资源时要建造调节性能好的水库，提高总体水电质量。

③水力资源相对集中在一些高山、大河地区，不少水电站装机容量超过 $1 \times 10^6 kW$。这些大型水电站水头高、单机容量大，带来很多技术难题，制约了水力资源的开发利用速度。

二、水力发电的基本原理与特征参数

水力发电是通过水电站枢纽实现的，在这里，水电站相当于一个将水能转换为电能的工厂，水能（水头和流量）相当于这个工厂的生产原料，电能相当于其生产的产品，水轮机和水轮发电机则是其最主要的生产设备。经过一系列工程措施，有压水流通过水轮发电机组转换为电能，该过程即被称为水力发电，所谓水轮发电机组（机组）就是水轮机和水轮发电机的组合。水库中的水体具有较大的位能，当水体通过隧洞、压力水管流经安装在水电站厂房内的水轮机时，水流带动水轮机转轮旋转，此时水能转变为旋转机械能，水轮机转轮带动发电机转子旋转切割磁力线，在发电机的定子绕组上就产生了感应电感势，一旦发电机和外电路接通，就可供电，这样旋转的机械能又转变为电能。水电站就是为实现上述能量的连续转换而修建的水工建筑物及其所安装的水轮发电设备和附属设备的总体。

（一）水电站的输出功率（或称"出力"）

水电站上、下游水位差称为水电站静水头，设水电站某时刻静水头为 H。

在时间 t 内有体积为 V 的水体经水轮机排入下游。若不考虑进出口水流动能变化和能量损失，则体积为 V 的水体在时间 t 内向水电站供给的能量等于水体所减少的位能。单位时间内水体向水电站所供给的能量称为水电站理论出力 N_t（电站出力的单位用 kW 表示），即

$$N_t = \gamma V H_0 / t = \gamma Q H_0 = 9.81 Q H_0$$

式中，γ 为水的容重（$\gamma = 9.81 \text{kN/m}^3$）；$Q$ 为水轮机流量，m^3/s，$Q = V/t$；H_0 为水电站上、下游水位差，称为水电站静水头，m，$H_0 = Z_上 - Z_下$。

水头和流量是构成水能的两个基本要素，是水电站动力特性的重要表征。实际上，在由水能到电能的转变过程中，不可避免地会产生能量损失，这种损失表现在两个方面：一方面，在水流自上游引到下游的过程中存在引水道的水头损失；另一方面，在水轮机、发电机和传动设备中也将损失一部分能量。因此，水电站的实际出力小于由上式的理论出力。考虑引水道水头损失和水轮发电机组的效率后水电站的实际出力为

$$N = 9.81 \eta Q (H_0 - \Delta h) = 9.81 \eta Q H$$

式中，η 为水轮发电机组总效率；H 为水轮机的工作水头，m。η 的大小与设备的类型和性能、机组传动方式和机组工作状态等因素有关，同时也受设备生产和安装工艺质量的影响。在初步计算过程中可近似认为总效率 η 是一个常数。若令 $K = 9.81 \eta$，则上式可改写为

$$N = KQH$$

式中，K 为水电站出力系数，大、中型水电站 K 可取 8.0~8.5，中、小型水电站 K 可取 6.5~8.0。

（二）水电站的发电量

水电站的发电量 E 是指水电站在一定时段内发出的电能总量，kW·h。对较短的时段（比如日、月等）来讲，其发电量 E 可由该时段内电站的平均出力 N'，得，即

$$E = N'T$$

对较长的时段（比如季、年等）来讲，可先根据上式的发电量，然后再相加得到总发电量。

（三）水电站动能参数

水电站动能参数是表征水电站动能规模、运行可靠程度和工程效益的指标，它包括设计保证率和保证出力、装机容量、多年平均发电量和水电站装机年利用小时数等。

①设计保证率和保证出力。水电站设计保证率是指水电站正常的保证程度，一般用正常发电总时段与计算期总时段比值的百分数来表示，它是根据系统中水电容量比重、水库调节性能、水电站规模及其在电力系统中的作用等因素而选定的，初步设计时可参考表4-1选用。保证出力则是指水电站相应于设计保证率正常发电总时段发电的平均出力。

表4-1　水电站设计保证率的选用标准（参考值）

电力系统中水电容量的比重/%	25 以下	25~50	50 以上
水电站设计保证率/%	80~90	90~95	95~98

②装机容量。装机容量是指水电站内全部机组额定出力的总和。比如，某水电站 6 台机组，每台机组的额定出力（也称为单机容量）为 $1.5\times10^5\mathrm{kW}$，则该电站的装机容量为 $9\times10^5\mathrm{kW}$。

③多年平均发电量。多年平均发电量是指水电站各年发电量的平均值，计算时应先将应用的水文系列分为若干时段（可以是日、旬或月，视水库的调节性能和设计需要选定），然后按照天然来水量和用水量进行水库调节计算和水能计算得出逐年的发电量，最后求其平均值便可得到多年平均发电量。

④水电站装机年利用小时数。水电站装机年利用小时数相当于全部装机满载运行时的多年平均工作小时数，是反映设备利用程度和检验装机合理性的一个指标。将水电站的多年平均发电量除以装机容量便可得出水电站装机年利用小时数。

（四）水电站的经济指标

水电站的经济指标包括水电站总投资、水电站年运行费用和水电站年效益等。

①水电站总投资。水电站总投资是指水电站在勘测、设计和施工安装过程中所投入资金的总和，它主要包括水工建筑物、水电站建筑物和机电设备的投资。目前，习惯用单位千瓦时的投资和单位电能的投资来表示水电站投资的经济性和合理性。单位千瓦时的投资是指 1kW 的装机容量所需要的投资，它可由总投资除以装机容量求得，单位电能的投资是指平均一年中每发 1kW·h 电所需要的投资，它可由总投资除以多年平均发电量求得。

②水电站年运行费用。水电站年运行费用是指水电站在运行过程中每年所必须付出的各种费用的总和，它主要包括建筑物和设备每年所提存的折旧费、大修费和经常支出的生产、行政管理费及工资等。

③水电站年效益。水电站年效益是指水电站每年售电总收入减去年运行费用后所获得的净收益。

三、水电站的类型与设计总体要求

水电站的分类标准和分类方式很多。按水电站的组成建筑物及其特征不同，可将水电站分为坝式、河床式和引水式三种基本类型。坝式水电站常修建于河流中、上游的高山峡谷中。河床式水电站常修建在河流中、下游河道较平缓处，水电站厂房位于河床内和坝共同组成挡水建筑物。引水式水电站一般修建在河流坡度大、水流湍急的山区河段。

（一）小水电站设计的基本要求

我国规定装机容量 50~5MW、机组容量 15MW 以下、出线电压等级不超过 110kV 的水电站为小型水力发电站（以下简称"电站"），装机容量小于 5MW 的电站也称小型水力发电站。水电站设计包括新建、扩建和改建电站设计三个方面。电站设计应在河流、河段或地区水利水电规划和地方电力规划的基础上进行，对上、下游有影响的电站进行开发时应征求相邻地区意见。电站设计必须执行国家现行的技术经济政策并根据地方水利、水电、航运、水土保持、环境保护等的要求和电力市场的需要统筹安排、因地制宜，应合理利用水资源。电站设计必须进行调查研究、勘测和试验工作以获取水文、气象、地形、地质、建材、水库淹没、移民、环境和国民经济综合利用要求等基本资料和数据。电站设计应符合国家现行的有关标准、规范和规定。

（二）小水电站经济评价原则

小水电站经济评价应包括财务评价和国民经济评价两个方面内容。经济评价应遵循费用与效益计算口径对应一致原则，应顾及资金的时间价值，应以动态分析为主（并辅以静态分析）。小水电站财务评价应以财务内部收益率及上网电价为主要指标，以财务净现值、投资利润率、投资利税率及静态投资回收期为辅助指标。小水电站财务内部收益率不小于财务基准收益率或计算的财务净现值大于零且上网电价能为市场接受时其财务评价应为可行。小水电站国民经济评价应以经济内部收益率为主要指标，经济净现值及效益费用比为辅助指标。小水电站经济内部收益率不小于社会折现率或经济净现值不小于零时，其国民经济评价应为可行。小水电站经济评价应进行不确定性分析并宜以敏感性分析为主。在小水电站财务评价和国民经济评价时，还应结合淹没、单位千瓦投资和单位电能投资等指标以及电站的社会效益、环境效益等进行综合评价。

（三）小水电站工程概（估）算

小水电站设计概（估）算应根据国家现行经济政策、设计文件及工程所在地区的建设条件编制。编制的设计概（估）算应全面反映设计内容并合理选用定额、标准、费率和价格以保证设计概（估）算质量，应根据工程资金来源和需要编制内资概（估）算或内外资概（估）算，应按照国家现行的有关标准的规定及编制年的价格水平编制设计概（估）算。小水电站设计概（估）算的编制依据应根据其隶属关系选择。

（四）小水电站工程管理的基本要求

小水电站应根据国家现行有关规定和业主要求确定管理机构的体制、机构设置和人员编制，机构设置和人员编制应贯彻"精简、统一、效能"的原则，管理机构宜在就近城镇选址。小水电站应根据国家有关法规及地方管理有关条例结合当地自然地理条件、土地利用情况和工程的特点确定工程的管理范围和保护范围。小水电站工程管理范围应根据永久建筑物和设施的平面布置以及管理、运行设施和管理单位的生产、生活和文化福利设施的占地确定，工程保护范围应根据工程具体情况、安全运行要求结合当地条件按国家现行有关规定确定。小水电站应按照有利生产、方便管理、经济适用的原则确定各类生产、生活设施的建设项目、规模和建筑标准，应通过总体规划和建筑布局确定生产、生活面积和环境绿化美化设施并拟定出总体规划平面图，位于城郊和风景名胜区的电站其生产、生活设施宜与周围环境相协调。应根据电站的特点及在电网中的作用拟订工程调度管理运用方案，应根据工程各建筑物和设施的设计条件提出相应的操作运用和维护检修的技术要求，应根据工程观测项目及观测设施的特点提出观测方法和资料整理分析的技术要求，应根据工程财务评价经济指标拟定水费、电费的计收标准。

（五）小水电站的环境保护原则

小水电站建设应按国家现行有关法规和标准进行环境影响评价，应根据电站对环境影响程度编制环境影响报告书或环境影响报告表（或填报环境影响登记表）。小水电站环境影响评价应包括工程分析、环境现状调查、环境影响识别、环境影响预测评价、环境保护措施拟定和投资估算等。进行小水电站环境影响评价时，应通过工程分析和环境现状调查对识别、筛选出的主要环境问题进行重点评价。小水电站环境影响预测方法宜采用类比调查法或专业判断法（也可采用数学模型法）。应通过环境影响预测评价对不利影响拟定对策措施并进行环境保护投资估算。应按环境影响报告书（表）及其审批意见中确定的各项环境保护措施进行环境保护设计，编制环境保护设施的投资概算。

（六）小水电站水库淹没处理及工程占地规定

小水电站水库淹没处理范围应包括水库经常淹没区、临时淹没区以及因淹没而引起的浸没、坍岸、滑坡和其他受水库蓄水影响的地域。水库回水淹没范围的确定应以坝址以上天然洪水与建库后汛期和非汛期同一频率的洪水回水位所组成的外包线为依据。若汛期降低水库水位运行，库前段回水位低于正常蓄水位时应采用正常蓄水位高程。水库回水末端设计终点位置，在回水曲线不高于同频率天然洪水水面线 0.3m 范围内可采用与同频率天然水面线水平封闭或垂直封闭。水库洪水回水位应顾及 10~20 年的泥沙淤积影响。居民迁移和土地征用界线应综合分析水库淹没、浸没、风浪、冰塞壅水、滑坡和坍岸等影响确定，在回水影响小的库段居民迁移线应高于正常蓄水位 1.0m（土地征用界线应高于正常蓄水位 0.5m）。

水库淹没实物指标调查范围应包括水库淹没区和影响区，其调查内容应为水库淹没对象和受影响的对象的实物指标，在水库淹没调查时还应收集水库淹没影响涉及地区的社会经济现状资料和国民经济发展计划。水库淹没实物指标调查统计可分为农村、集镇、乡镇企业和专业项目等，其调查要求、方法及精度可参照国家现行有关标准的规定执行。

在编制农村移民安置规划时，应收集移民安置区的水文气象、地形、地质、水土资源、环境现状、人文历史和社会经济等基本资料，编制农村移民安置规划应以编制规划的当年为基准年（以水库下闸蓄水的当年作为规划水平年），编制农村移民安置规划时应以水库淹没调查实物指标为基础分析确定生产安置和搬迁安置人口数量（人口数量应顾及基准年到规划水平年期间的自然增长人口），农村移民安置规划应贯彻开发性移民方针并采取以土地安置与非土地安置相结合的安置方式，在进行农村移民安置区的选择时应分析移民环境容量、自然和社会经济条件、生活及风俗习惯等基本情况，农村移民安置规划应在方案比较的基础上经综合分析论证后确定推荐方案并应对安置区的基础设施进行规划设计。

集镇迁建应会同地方人民政府提出防护、迁建或撤销、合并的意见，集镇的撤销、合并或易地迁建应报上级人民政府审批，集镇迁建方案还应符合国家现行有关规定。受淹的乡镇企业迁（改）建应根据受淹影响程度结合地区产业结构及环境保护要求初步确定迁（改）建方案。受淹的专业项目需要迁（改）建应按原规模、原标准或恢复原功能的原则根据国家现行的有关标准规定初步确定迁（改）建方案，不需要迁（改）建或难以迁（改）建的应根据淹没影响程度按有关规定给予补偿。

对水库淹没区内成片耕地、集中居民区或重要的淹没对象，凡具备防护条件且技术经济合理的应采取防护工程措施（确定防护工程应进行多方案比较），防护工程的防洪标准对集镇可采用 10~20 年一遇洪水、农田可采用 5~10 年一遇洪水，重要集镇的防洪标准可适当提高。防护区内排涝标准的设计暴雨重现期，在旱作区的农田和农村居民点可采用 5~10 年一遇暴雨 1~3d 排干，在水稻区可采用 3~5 年一遇暴雨 3~5d 排干。

小水电站库底清理范围与对象应根据水库运行方式和各项事业发展的要求确定，库底清理应与水库移民搬迁同时进行并应在水库蓄水前完成。库底清理的技术要求应按国家现行有关标准的规定执行。

水库淹没处理补偿投资计算应遵循以下四个方面原则：①征用土地补偿和安置补助标准应符合国家和省、自治区、直辖市所颁布的现行的有关条例规定；②农村移民安置和集镇、乡镇企业、专业项目迁（改）建按原规模、原标准、恢复原功能的原则计算其所需的补偿投资，对不需要或难以迁（改）建的淹没对象可给予拆卸费、运输费或补偿；③投资补偿单价、标准、定额应根据当时国家政策、物价水平并结合当地实际情况制定，各种费率可按国家有关规定取值；④水库淹没处理补偿投资概（估）算水平年应与枢纽工程概算编制年相同。补偿投资概（估）算可由以下部分构成：农村移民安置补偿费；集镇迁建补偿费；乡镇企业迁（改）建补偿费；专业项目迁（改）建补偿费；防护工程费；库底清理费；其他费用（主要包括勘测规划设计费、实施管理费、技术培训费和监理费等）；预备费（包括基本预备费和价差预备费建设期贷款利息）；有关税费。

小水电站工程占地应包括永久占地和临时占地。工程占地的实物指标应按工程设计所确定的范围分别按永久占地和临时占地进行调查统计。工程永久占地应采用水库淹没处理的征地标准，施工临时占地应根据占用的时间和被占土地复种条件按临时补偿或征用处理。工程永久占地的补偿投资概（估）算可按相关规定执行并可计列入临时工程占地的青苗补偿费。

（七）小水电站消防的基本要求

小水电站的消防设计应贯彻"预防为主、防消结合、自防自救"的方针，应防止和减少火灾危害。小水电站的消防设计应符合国家或行业现行有关标准的规定。小水电站的生产及非生产建筑物、构筑物均应按国家现行的有关标准的规定划分其危险性分类及耐火等级。小水电站厂区内设有消防车道时，其车道宽应不小于3.5m并宜与厂内交通道路合用。主厂房和高度在24m以下的副厂房应划分为一个防火分区。厂房的安全疏散通道应不少于2个。发电机层室内最远点到最近疏散出口距离应不超过60m。单台油容量超过1 000kg的油浸主变压器及其他充油设备应设贮油坑和公共贮油池，单台室内油容量超过100kg的厂用变压器及其他充油设备应设贮油坑或挡油槛。电力电缆及控制电缆应分层敷设（对非阻燃性分层敷设的电缆层间应采用耐火极限不小于0.5h的隔板分隔）。电缆隧道及沟道的下列部位应设置防火分隔设施（这些部位包括穿越厂房外墙处；穿越控制室、配电装置室处；电力电缆及控制电缆隧道每隔150m处；电缆沟道每隔200m处；电缆分支接引处等）。小水电站厂区的水轮发电机、油罐室和油浸主变压器等部位应设置固定灭火装置。小水电站厂房应设排烟或消烟设施并宜与厂内通风系统相结合。小水电站厂区消防给水水源可采用天然水源自流、专用消防水池和消防水泵供水等，消防给水可与生活、生产供水系统合并（其供水水质、水压和水量应满足消防给水的要求）。小水电站主、副厂房及油罐室、升压开关站均应设置消火栓。小水电站消防设备的供电应按二级负荷供应并应采用单独的供电回路。小水电站厂房的主要疏散通道、封闭楼梯间、消防电梯主要出口和消防水泵房等部位应设置事故照明及疏散标志。小水电站火灾探测器宜带火灾报警信号装置。小水电站消防控制设备宜设在中央控制室内（采用消防水泵供水时，应在消火栓箱中设有消防水泵启动设施）。

（八）小水电站电气系统的基本要求

小水电站电气设计应根据电站特性和电力系统要求确定送电点、输送电压、出线回路数、输送容量（包括穿越功率）、运行方式及其与电网的连接形式。电站与电力系统连接的输送电压宜采用一级电压（110kV 的出线回路数不宜超过 2 回，35kV 的出线回路数不宜超过 4 回）。梯级电站或电站群宜设置联合开关站（经技术经济论证后也可设置联合升压站）。

小水电站电气主接线应根据电站在电力系统中的地位、枢纽布置和设备特点等因素确定，并应满足运行可靠、接线简单、操作维修方便和节省工程投资等要求，当电站分期建设时接线应便于过渡。电站升高电压侧接线宜选用单母线或单母线分段、变压器-线路组、桥形和角形接线方式。发电机电压侧接线可选用单元或扩大单元接线、单母线或单母线分段接线。电站主变压器应采用三相式（其容量可按与其连接的发电机容量选择。当发电机电压母线上连接有近区负荷时可扣除近区最小负荷选择主变压器容量，当主变压器有穿越功率通过时主变压器容量还应加上最大穿越功率）。当须通过电网倒送厂用电时其单元接线的发电机出口处应装设断路器，三圈变压器的低压侧应装设断路器。

小水电站的厂用电电源宜由发电机电压母线或单元分支线接出（也可从 35kV 电压母线或出线上供电），厂用变压器不应超过 2 台（装设 2 台厂用变压器时，其中 1 台变压器可与外来电源连接）。厂用变压器宜采用干式变压器，其容量选择应符合相关规定：装设 1 台变压器时容量必须满足最大计算负荷；装设 2 台变压器时若其中 1 台检修或出现故障则另 1 台应能担负电站正常运行时的厂用电负荷或短时最大负荷；计算小水电站的厂用电负荷时应顾及负荷率和网损率并应校验电动机自启动负荷。小水电站厂用变压器的高压侧宜装设断路器。小水电站厂用电的电压应采用 380V/220V，三相四线制系统（装设 2 台厂用变压器时厂用电母线宜采用单母线或单母线分段接线）。小水电站坝区用电可由专设的坝区用电变压器或由厂用电直接供电，泄洪设施的供电应有 2 个独立的电源。

小水电站应有完善的过电压保护及接地装置。室外配电装置和露天油罐等应装设直击雷过电压保护（直击雷过电压保护装置可采用避雷针、避雷线）。小水电站厂房顶上和 35kV 及以下高压配电装置的构架上不应装设避雷针，在变压器的门形构架上也不得装设避雷针。1kV以下中性点直接接地的配电网络中其电力设备的金属外壳宜采用低压接零保护。接地装置设计应利用下列自然接地体（这些自然接地体包括常年与水接触的钢筋混凝土水工建筑物的表层钢筋；压力钢管及闸门、拦污栅的金属埋设件；留在地下或水中的金属体），除利用自然接地体外还应设置人工接地网。自然接地体与人工接地网的连接应不少于两点且其连接处应设接地电阻测量井。在大接地短路电流系统中电力设备的接地电阻值应不大于0.5Ω，在小接地短路电流系统中应不大于4Ω，独立的避雷针（线）宜装设独立的接地装置，在高土壤电阻率地区可与主接地网连接（地中连接导线的长度不得小于15m）。

小水电站工作照明和事故照明的供电网络应分开设置（工作照明应由厂用电系统供电，当交流电源全部消失后事故照明可由蓄电池组或其他电源供电）。工作照明发生故障中断后仍需继续工作的场所和主要通道应装设事故照明（室外配电装置可不装设事故照明）。小水电站工作照明和事故照明最低的照度标准及照明安全措施可参照国家现行有关标准的规定。

小水电站厂内外主要电气设备布置应合理。升压变电站宜靠近厂房（开关站和主变压器分开布置时，其主变压器应设在发电机电压配电装置室附近）。6kV及以上户内高压配电装置应有防止小动物入侵的措施。35kV配电装置宜采用户内式布置，110kV配电装置宜采用户外式布置（但在污秽地区或地形条件受到限制时，经过技术经济比较后110kV配电装置可采用户内式布置；110kV配电装置也可采用封闭式组合电器）。电站中央控制室应按电站的自动化控制方式设置，中央控制室面积应根据控制屏（台）的数量、布置要求和布置形式确定。

小水电站的电缆选型及敷设应符合规定。小水电站电力电缆宜选用全塑阻燃电缆，高压电力电缆宜选用阻燃交联聚乙烯绝缘电力电缆，易受机械损伤的场所应采用全塑阻燃铠装电缆。小水电站控制电缆宜采用铜芯全塑阻燃电缆（有抗电磁干扰要求时，应采用屏蔽阻燃电缆或对绞屏蔽阻燃电缆）。小水电站电力电缆与控制电缆宜分开敷设，当敷设在同一侧或同一电缆托架（桥架）上时，控制电缆宜敷设在电力电缆的下方。小水电站埋地电缆的埋设深度不宜小于700mm（当冻土层厚度超过700mm时，应采取防止电缆损坏的措施）。小水电站电缆竖井的上、下两端以及电缆穿越墙体、屏柜和楼板等孔洞处应采用非燃烧材料封堵。对未采用阻燃电缆的电站，其进出屏柜接头处2~3m范围内应对电缆外层涂防火涂料。

小水电站的继电保护及系统安全自动装置应可靠。电力设备和线路应装设主保护和后备保护装置（当主保护装置或断路器拒动时，应由元件本身的后备保护或相邻元件的保护装置切除故障）。继电保护装置应由可靠元件构成并应满足可靠性、选择性、灵敏性和快速性的要求（保护装置的时限级差可取 0.5~0.7s，当采用微机继电保护装置时可取 0.3~ 0.5s）。配置各类保护装置的电流互感器应满足消除保护死角和减小电流互感器本身故障所产生的影响的要求。保护装置用电流互感器（包括中间电流互感器）的稳态误差应不大于 10%，保护装置和测量仪表用的电流互感器不宜共用一组二次线圈（若共用则仪表回路应通过中间电流互感器连接）。若电压互感器二次回路断线或其他故障会使保护装置误动作时，应装设断线闭锁装置并发出信号，若二次回路断线不会导致保护装置误动作则可只装设电压回路断线信号装置。保护装置回路内应设置指示信号并能分别显示各保护装置的动作状况。装有断路器的 110kV 和 35kV 线路可装设自动重合闸装置。有 2 台厂用变压器的电站应装设厂用电备用电源自动投入装置。

小水电站的自动控制系统应优质可靠。水轮发电机组及其附属设备的控制应按机组自动化规定进行设计并应符合相关规定，即以一个命令脉冲完成水轮发电机组的启动或停机；水轮发电机组能自动调节有功功率和无功功率；机组附属设备、技术供排水系统及压缩空气系统等能够自动和现场手动控制。水轮机液压或电动操作的进水阀或快速闸门控制应包括在机组自动操作范围内并能够现场进行操作（当机组发生紧急事故时应自动关闭进水阀或快速闸门）。装机容量在 10MW 及以上的电站可采用计算机监控系统。按集中控制设计的梯级水电站或水电站群各被控水电站可按无人值班（少人值守）的控制方式设计。发电机宜采用晶闸管励磁系统。发电机自动励磁调节器应满足相关要求：当电力系统发生故障而电压降低时应强行励磁；为限制水轮发电机转速升高引起的过电压应强行减磁。发电机应装设自动灭磁装置。当小水电站设有中央控制室时，其进水阀或快速闸门、水轮发电机组、变压器 110kV 线路和 35kV 线路、近区的坝区的厂变高压侧断路器、直流系统等控制设备应在中央控制室内进行控制。中央音响信号系统应装设中央复归和重复动作的信号装置，采用计算机监控系统时中央音响信号宜由计算机系统完成。小水电站应装设带有非同步闭锁的手动准同步装置和自动准同步装置（采用计算机监控系统时宜采用专功能同步装置）。发电机出口、发电机-变压器组单元接线高压侧、对侧有电源的线路和母线分段等处的断路器应能够进行同步操作。

小水电站的电气测量仪表装置应灵敏、优质。电站配置的电气测量仪表应符合国家现行有关标准的规定。采用计算机监控系统的电站其电气测量仪表的配置应简化（有遥测要求时宜由计算机监控系统转送）。有分时计费要求的应设分时电能计量装置。

小水电站的操作电源应符合相关规定。电站的操作电源应采用蓄电池直流电源装置，蓄电池应只装设 1 组并应按浮充电方式运行。操作电源电压宜采用 220V、110V。蓄电池容量应满足全厂事故停电时的用电容量和最大冲击负荷的容量。事故停电时间可按 0.5h 计算；无人值班（少人值守）的小水电站可按 1h 计算。蓄电池宜采用阀控式蓄电池，蓄电池的充电及浮充电宜采用 1 套整流装置，蓄电池组充电电源回路应设相应的电源指示。直流装置应具有自动完成充放电控制、电池容量及电压检测、绝缘监测及故障报警等功能。

小水电站的通信系统应符合相关规定。电站应设有厂内通信设施，生产调度通信和行政通信可合用一台程控调度总机，对外通信可向当地电信部门申请中继线。程控调度总机的容量可根据电站装机容量和自动控制方式在 60~200 门之间选取。通信设备电源可由厂用交流电源供电并应有可靠的事故备用电源（备用电源可由厂内直流电源经逆变供电）。

小水电站电工修理及电气试验体系应完善。电站应设置专用的电工修理间并按其规模和集中管理的要求配置电工修理工具和设备。装机容量 10MW 及以上的电站应设电气实验室，装机容量小于 10MW 的电站可配置简易电气实验室。集中管理的梯级水电站和水电站群宜设置集中的电气中心实验室，电气实验室仪器仪表设备的配置标准可根据现行等级分类标准执行（有计算机监控系统的电站可适当增加专用仪器仪表）。

（九）小水电站水力机械及采暖通风的基本要求

1. 水轮发电机组的选择

小水电站水轮机形式、容量和台数的选择应根据枢纽布置、电站工作水头范围、运行方式、电站效益、工程投资和运输条件经技术经济比较后确定。应根据选定的额定水头、泥沙、水质和转轮特性确定转轮型号、直径、转速、出力、效率和吸出高度等主要目标参数（也可直接采用制造厂推荐的参数）。转桨式水轮机的飞逸转速，应取在运行水头范围内水轮机导叶和转轮叶片协联工况下飞逸转速的最大值（其他形式水轮机的飞逸转速应按电站最大净水头和水轮机导叶的最大可能开度确定）。机组安装高程应根据水轮机各种工况下允许吸出高度值和相应尾水位确定。装机多于 2 台时应满足 1 台机组在各种水头下最大出力运行时的吸出高度和相应尾水位的要求；装机 1~2 台时应满足 1 台机组在各种水头下 50% 最大出力运行时的吸出高度和相应尾水位的要求；灯泡贯流式机组宜根据电站水头、流量、出力和转轮空蚀系数的实际组合工况进行计算确定并应满足尾水管出口顶部淹没 0.5m 以上的要求；冲击式水轮机的安装高程应满足排空和 0.2~0.3m 的通气高度要求；立轴式水轮机尾水管出口顶缘应低于最低尾水位 0.5m（卧轴式水轮机尾水管出口的淹没水深应大于 0.3m）。水轮机蜗壳和尾水管可采用制造厂推荐的形式和尺寸，肘形尾水管扩散段底板与水平面夹角应为 0°~12°，立轴式水轮机尾水锥管部分应设置金属里衬，肘管部分也可设置金属里衬。发电机形式应按现行系列配套选择，发电机参数的选择应满足电力系统、电站运行工况的要求并经技术经济比较确定。

2. 调速系统和调节保证计算

小水电站每台机组应设置一套包括调速器、油压装置等附属设备组成的调速系统。应根据电力系统的要求和水轮机输水系统的特性进行水轮机调节保证计算并满足相关要求。这些要求是：蜗壳最大压力值应在额定水头和最高水头两种情况下按额定出力甩负荷的条件进行计算；水轮机蜗壳最大允许压力上升率应符合要求（额定水头在 40m 以下不得大于 70%；额定水头在 40~100m 之间不得大于 50%；额定水头在 100m 以上应小于 30%）；机组额定出力甩全负荷时最大转速上升率不宜大于 50%；机组容量占电力系统容量比重小时其机组额定出力甩负荷时最大转速上升率允许达到 50%~60%（超过时应进行专门论证）。当压力上升率和转速上升率不能满足设计要求时可采取相关技术措施。这些措施包括改变导水叶关闭规律、改变输水管道尺寸、增加发电机飞轮力矩、设置调压井或调压阀等。

3. 技术供、排水系统

小水电站技术供水方式应根据电站的工作水头范围确定。工作水头小于 15m 时宜采用水泵供水；15~100m 时宜采用自流减压或射流泵及顶盖取水供水；大于 120m 时宜采用水泵供水（也可采用减压供水）。若电站工作水头范围不宜采用单一供水方式则可采用混合供水方式并应经技术经济比较后确定不同供水方式的分界水头。技术洪水系统应有可靠水源（可从上游、下游及外来水源取水，取水口不应少于 2 个，每个取水口应保证通过设计流量），水轮机轴承润滑用水、主轴密封用水的备用水源应能自动投入。采用水泵供水方式时应设置备用水泵（当 1 组水泵中任何 1 台发生故障时备用水泵应能自动投入运转）。技术供水系统应设置滤水器（滤水器清污时系统供水不应中断，供水系统水中含沙量大时应论证是否设置沉沙、排沙设施。轴承润滑水、主轴密封用水的水质应满足机组用水要求）。机组检修排水和厂内渗漏排水宜分别设置排水泵。机组检修排水泵应设 2 台，其总排水量应能保证在 4~6h 内排除 1 台水轮机过水部件和输水管道内的积水以及上、下游闸门的漏水。每台水泵的出水流量应大于上、下游闸门的总漏水流量。厂内渗漏集水井排水泵应不少于 2 台（其中 1 台备用），排水泵应能随集水井水位变化自动运转并应能在水位超过警戒水位时及时报警。厂区室外排水应自成系统（不得将其引入厂内集水井或集水廊道）。

4. 压缩空气系统

小水电站厂房内可设置中压和低压空气压缩系统，其规模可按设计要求的空气量、工作压力和相对湿度确定。供油压装置油罐充气的中压空气压缩系统的压力应根据油压装置的额定工作压力确定。其空气压缩机宜为 2 台，1 台工作，1 台备用，并应设置贮气罐。

空气压缩机的容量可按全部压缩机同时工作在1~2h内将一个压力油罐的空气压力从常压充到额定压力的要求确定。贮气罐的容积可按压力油罐的运行补气量确定。贮气罐额定工作压力宜高于压力油罐额定工作压力0.2~0.3MPa。供机组制动、检修维护和蝴蝶阀、水轮机主轴围带密封用的低压空气压缩系统的压力应为0.7~0.8MPa，当低压空气压缩系统不能满足蝴蝶阀围带充气要求时可用中压空气压缩系统减压供给，机组制动用气贮气罐的总容积应按同时制动的机组台数的总耗气量确定，空气压缩机的容量应按同时制动的机组耗气量和恢复贮气罐工作压力的时间确定，恢复贮气罐工作压力的时间可取10~15min，机组制动用气应有备用空气压缩机或其他备用气源。当机组须采用充气压水方式进行调相运行时其充气用空气压缩机可与机组制动用空气压缩机共用，其容量应按调相压水的用气量确定（但调相供气管路和贮气罐应与机组制动用气系统分开），调相用贮气罐容积应根据1台机组调相时初次压低转轮室水位所需用的空气量确定（调相用空气压缩机的总容量应按1台机组首次压水后恢复贮气罐工作压力的时间及已投入调相运行的机组总漏气量确定。恢复贮气罐工作压力的时间可取15~45min）。

5. 油系统

小水电站可设置透平油系统和绝缘油系统，其设备、管路应分开设置并满足贮油、输油和油净化等要求。透平油和绝缘油油罐的容积应满足贮油、检修换油和油净化等要求，透平油罐的容积宜为容量最大的1台机组用油量的110%，绝缘油罐的容积宜为容量最大的1台主变压器用油量的110%。油净化设备应包括油泵和滤油机，其品种、容量和台数可根据电站用油量确定。电站油系统宜设置简化油化验设备，梯级水电站或水电站群宜设置中心油务系统，中心油务系统应设置贮油、油净化设备和油化验设备。

6. 水力监视测量系统

小水电站水力监视测量系统应满足水轮发电机组安全、经济运行的要求，其监视测量项目应根据电站的水轮机形式和自动化水平确定（采用计算机监控的电站还应满足计算机监控的要求）。小水电站应分别设置上游水位、下游水位、水轮机工作水头、水轮机过流段压力、拦污栅前后水位差等参数的测量仪表，对容量大的电站应增设水库水温、机组冷却水温、机组过流流量、机组效率、机组振动、机组轴摆度等测量仪表。

7. 采暖通风

小水电站的采暖通风方式应根据当地气象条件、厂房形式及各生产场所对空气参数的要求确定。地面式厂房的主机间、安装场和副厂房的通风方式宜采用自然通风（当自然通风达不到室内空气参数要求时，可采用自然与机械联合通风、机械通风、局部空气调节等方式），主厂房发电机层以下各层可采用自然进风和机械排风的通风方式。封闭式厂房可利用孔洞采用自然进风和机械排风的通风方式，当室内空气参数不能满足通风要求时可采用空气调节装置。发电机采用管道式通风时其热风应引至厂房外并不得返回厂内。油罐室的换气次数应不少于 3 次/h，油处理室和蓄电池室的换气次数应不少于 6 次/h，室内空气严禁循环使用。油罐室、油处理室和蓄电池室应分别设置单独的通风系统，通风系统的排风口应高出屋顶 1.5m。SF6 开关室换气次数应为 8 次/h，吸风口应设置在房间下部。主、副厂房的室内温度低于 5℃时应设置采暖装置并应满足消防要求。

8. 主厂房起重机

小水电站主厂房应设置起重机，起重机的额定起重量应按吊运最重件和起吊工具的总重量并参照起重机系列的标准起重量确定，起重机的跨度可按起重机标准跨度选取，起重机的提升高度和速度应满足机组安装和检修的要求。起重机应选用轻级工作制（但制动器的电气设备应采用中级工作制）。

9. 水力机械布置

小水电站水力机械设备和电气设备宜分区布置。主厂房机组段的长度和宽度应根据机组及流道、调速器、油压装置、进水阀、电气盘柜等尺寸并结合安装、检修、运行、交通及土建设计等要求确定，边机组段长度还应满足起重机吊运部件和进水阀所需尺寸的要求。主厂房净空高度应满足相关要求：立轴发电机转子应连轴整体吊运；轴流式水轮机应连轴套装及整体吊运；主变压器应进厂检修；灯泡贯流式机组应外配水环等部件翻身；起重机吊运部件与固定物之间的距离在铅直方向应不小于 0.3m，在水平方向应不小于 4m。安装场的面积应根据 1 台机组扩大性检修的需要确定，机组主要部件应布置在起重机吊钩工作范围线之内并应满足相关要求：满足安装及大修过程中吊运大件次序的要求；满足机组大件之间、机组大件与墙（柱）和固定设备之间的净距为 0.8~1.0m；满足车辆进厂装卸需要。安装场高程宜与发电机层高程一致，其宽度应与机组段宽度一致，其长度可按 1.5~2.0 倍机组长度初选。油罐室和油处理室应根据厂区的总体设计、气象条件和消防要求布置，透平油室宜设在厂房内，绝缘油罐宜设在厂房外，油处理室应布置在油罐室附近。其他辅助机械的布置应便于设备的安装、运行及检修维护。

10. 机修设备

小水电站机修设备应根据机电设备检修内容、对外交通、外厂协作加工条件等因素配置。机修车间宜设在靠近主厂房且交通方便的地方。梯级水电站和水电站群宜设置中心修配厂。

（十）小水电站金属结构的基本要求

1. 小型水电站对金属结构的总体要求

小水电站的工作闸门、事故闸门和检修闸门孔口尺寸和设计水头系列应符合国家现行有关标准的规定，其闸门形式应根据闸门运行要求，闸孔位置，尺寸及上、下游水位，操作水头，水文，泥沙及污物情况，启闭机形式及容量，制造安装技术及工艺、材料供应以及维护检修等条件经技术经济比较后确定。两道闸门之间或闸门与拦污栅之间的最小净距应满足门槽混凝土强度与抗渗、启闭机布置与运行、闸门安装与维修和水力学条件等因素的要求且不宜小于 1.5m。潜孔式闸门门后不能充分通气时，应在紧靠闸门下游孔口的顶部设置通气孔（其顶端应与启闭机室分开并高出校核洪水位，孔口应设置防护设施。通气孔面积对引水发电管道的快速闸门或事故闸门可按管道面积的 5%选用，对泄水管道的工作闸门或事故闸门可按泄水管道面积的 10%选用，对检修闸门可选用大于或等于充水管的面积）。小水电站闸门的工作性质和操作运行要求快速闸门、事故闸门和检修闸门均宜设置平压设施（若采用充水阀平压则其操作应和闸门启闭机联动并应在启闭机上设置小开度的行程开关）。露顶式工作闸门顶部应有 0.3~0.5m 的超高值（该超高不得作为水库调蓄或超蓄之用）。小水电站闸门、拦污栅及其附属设备应根据水质、运行条件、设置部位和结构形式采取防腐蚀措施。小水电站闸门不得承受冰的静压力，防止冰静压力的措施应根据当地气温、日照及水库（前池）水位变幅等条件分别选用潜水电泵、压缩空气泡、开凿冰沟或其他保温方法。根据闸门、拦污栅和启闭机的正常运行和维修要求宜设置启闭机室、保护罩、检修室或检修平台、门库或存放槽等设施。闸门的启闭设备应根据闸门形式、尺寸、孔数及操作运行要求等条件通过技术经济比较分别选用螺杆式、固定卷扬式、台车式、门式或液压式启闭机（其主要技术参数应符合国家现行启闭机系列标准）。

2. 泄水闸门及启闭设备

在泄洪道、堰闸工作闸门的上游侧宜设置检修闸门（对于重要工程也可设置事故闸门。当库水位低于闸门底槛的连续时间能满足检修要求时可不设置检修闸门，当下游水位经常淹没底槛时应研究设置下游检修闸门的必要性。在设置检修闸门时，10 孔以内可设 1~2 扇，超过 10 孔宜增加扇数。检修闸门的形式可选用平面闸门、叠梁、浮式叠梁和浮箱等）。在泄水孔工作闸门的上游侧应设置事故闸门，对高水头长泄水孔还应研究在事故闸门前设置检修闸门的必要性。泄水孔工作闸门的门后宜保持明流。泄水孔的工作闸门可选用弧形闸门、平面闸门或其他形式的闸门（阀），采用弧形闸门时应择优选用止水结构和形式，采用平面闸门时还应选用合适的门槽形式，弧形闸门的支铰宜布置在过流时不受水流及漂浮物冲击的高程上，在泄水建筑物出口处采用锥形阀时应防止喷射水雾对附近建筑物的影响。排沙孔闸门宜设置在进口段且应采用上游面板和上游止水，门槽和水道边界宜光滑平整并选用抗磨材料加以防护。排沙孔工作闸门布置在出口处时除孔道应选用抗磨材料防护外，平时还宜将设在进口处的事故闸门关闭以挡沙。施工导流孔闸门及其门槽应满足施工期和初期发电的各种运行工况要求，经分析论证后导流孔闸门也可与永久性闸门共用。对于低水头弧形闸门应保证其支臂动力稳定性。若多孔数的泄洪工作闸门需要在短时间内全部开启或均匀泄水时宜选用固定式启闭机操作，启闭机应采用双回路供电，经论证后也可设置备用动力。

3. 引水发电系统闸门、拦污栅及启闭设备

当机组或压力输水管道要求闸门做事故保护时其坝后式电站进口和引水式电站压力管道进口应设快速闸门和检修闸门，对长引水道的引水式电站还宜在引水道进口处设置事故闸门，河床式电站当机组有防飞逸装置时其进水口宜设置事故闸门和检修闸门，虹吸式进水口应在虹吸管顶部装设补气阀。快速闸门的关闭时间应满足对机组或压力管道的保护要求（其下降速度在接近底槛时不宜大于 5m/min），快速闸门启闭机应能就地操作和远方操作并应采用双回路供电的操作电源和开度指示控制器。坝后式和河床式水电站的进水口检修闸门 4 台机组以内可设置 1 扇（4 台机组以上可增加扇数），其启闭设备宜选用移动式启闭机，在枢纽布置允许时可与泄水系统检修闸门共用启闭机。调压室中的闸门应研究涌浪对闸门停放和运行的影响。尾水检修闸门宜采用平面滑动闸门或叠梁闸门，闸门数量应根据孔口数量、机组安装和调试、施工条件等因素并经技术经济比较后确定（4 台机组以内时尾水检修闸门可设置 1~2 扇），其启闭设备宜选用移动式启闭机。贯流式机组的进水口应设置检修闸门（或事故闸门），尾水出口应设置事故闸门（或检修闸门），拦污栅设计应采取措施减少过栅水头损失。进水口应设置拦污栅，拦污栅清污设施的布置和选型应根据河流中污物的性质、数量以及对清污等的要求确定（在污物少时可设置一道拦污栅；在污物多时除应设置排污和导漂设施外还宜设置两道拦污栅）。拦污栅的设计应满足结构强度和稳定要求，其荷载应根据污物种类、数量及清污措施等条件采用 2~4m 水位差。低水头电站进水口宜装设监测拦污栅前后水位差的压差测量及报警装置。拦污栅宜为活动式并设置启闭拦污栅的机械设备，当拦污栅倾斜布置时其倾斜角应结合水工建筑物的布置情况确定。低水头电站进水口倾斜布置的拦污栅若须设置清污机，可选用耙斗式或回转式清污机（当然也可采用回转栅式清污机）。

第二节　水电站进水口建筑物设计

一、水电站进水口的功用和基本要求

水电站进水口通常位于引水系统的首部，其功用是按发电要求将水引入水电站的引水道。水电站进水口应满足以下五条基本要求：

①要有足够的进水能力。即在任何工作水位下进水口都能引进必需的流量。因此，在枢纽布置中必须合理安排进水口的位置和高程，水电站进水口要求水流平顺并有足够的断面尺寸（一般按水电站的最大引用流量 $Q_{\max}$ 设计）。

②水质要符合要求。即不允许有害泥沙和各种有害污物进入引水道和水轮机。因此，进水口要设置拦污、防冰、拦沙、沉沙及冲沙等设备。

③水头损失要小。即水电站进水口位置要合理，进口轮廓应平顺、流速较小以尽可能减少水头损失。

④流量应可控。即进水口必须设置闸门（以便在事故时紧急关闭并截断水流以避免事故扩大。同时，也可为引水系统的检修创造条件）。对无压引水式电站来讲，其引用流量的大小通常也是由进口闸门控制的。

⑤应满足水工建筑物的一般要求。即进水口要有足够的强度、刚度和稳定性。还要求其结构简单、施工方便、造型美观，便于运行、维护和检修。

二、水电站有压进水口设计

水电站有压进水口的特征是进水口高程设在水库最低死水位以下以引进深层水为主，整个进水口处于有压状态，其后通常接有压隧洞或压力管道，有压进水口适用于坝式、有压引水式、混合式水电站。有压进水口通常由进口段、闸门段及渐变段等组成。

（一）有压进水口的类型及适用条件

目前，水电站常见的有压进水口有隧洞式进水口、墙式进水口、塔式进水口、坝式进水口等。

1. 隧洞式进水口

隧洞式进水口是在隧洞进口附近的岩体中开挖竖井形成的，其井壁一般要进行衬砌，闸门则安装在竖井中，竖井的顶部布置有启闭机和操纵室，隧洞式进水口渐变段之后接隧洞洞身。这种布置的优点是结构比较简单，不受风浪和冰冻的影响，地震影响也较小，比较安全可靠。其缺点是竖井之前的隧洞段不便检修，另外，竖井开挖也比较困难。隧洞式进水口适用于工程地质条件较好、岩体比较完整、山坡坡度适宜且易于开挖平洞和竖井的情况。

2. 墙式进水口

墙式进水口的进口段、闸门段和闸门竖井均布置在山体之外，从而形成一个紧靠在山岩上的单独墙式建筑物，该墙式建筑物承受水压及山岩压力，因此要求有足够的稳定性和强度。墙式进水口适用于地质条件差、山坡较陡、不易开挖竖井的情况。

3. 塔式进水口

塔式进水口的进口段、闸门段及其框架形成一个塔式结构，其耸立在水库之中，塔顶设有操纵平台和启闭机室，有工作桥与岸边或坝顶相连。塔式进水口可一边或四周进水，然后将水引入塔底的竖井中。塔式进水口塔身是直立的悬臂结构，风浪压力及地震力的影响较大，故须对其进行抗倾、抗滑稳定和结构应力计算，应确保其具有足够的强度和稳定性，同时也要求地基坚固。塔式进水口适用于当地材料坝枢纽，当进口处山岩较差而岸坡又比较平缓时也可采用这种形式。

4. 坝式进水口

坝式进水口通常依附在坝体的上游面上并与坝内压力管道连接，其进口段和闸门段常合二为一、布置紧凑。坝式进水口适用于混凝土重力坝的坝后式厂房、坝内式厂房和河床式厂房。

（二）有压进水口的位置、高程及轮廓尺寸设计

1. 有压进水口的位置设计

水电站有压进水口在枢纽中的位置设计应能尽量使水流平顺、对称，应不使水流发生回流和旋涡、不出现淤积、不聚集污物，应确保泄洪时仍能正常进水。有压进水口后接的压力隧洞应与洞线布置协调一致，应选择地形、地质及水流条件均较好的位置。

2. 有压进水口的高程设计

有压进水口顶部高程应低于运行中可能出现的最低水位并应有一定的淹没深度（以进水口前不出现漏斗式吸气漩涡为原则）。漏斗漩涡会带入空气、吸入漂浮物、引起噪声和振动、减小过水能力、影响水电站的正常发电，人们根据一些已建工程的原型观测分析结果给出了不出现吸气漩涡的临界淹没深度经验估算公式，即：

$$S = cV\sqrt{H}$$

式中，H 为闸门孔口净高，m；V 为闸门断面水流速度，m/s；c 为经验系数（$c=0.55$ ~0.73，对称进水时取小值，侧向进水时取大值）；S 为闸门顶低于最低水位的临界淹没深度，m。

在满足进水口前不出现漏斗式吸气漩涡及引水道内不产生负压的前提下，进水口的高程应尽可能抬高以改善结构的受力条件，降低闸门、启闭设备及引水道的造价（也便于进水口的维护和检修）。通常情况下，有压进水口底部高程应高于设计淤沙高程（如果这个要求无法满足则应在进水口附近设排沙孔以保证进水口不被淤沙堵塞），进水口的底部高程通常应在水库设计淤沙高程以上 0.5~1.0m（若设有排沙设施，则可根据实际排沙情况确定）。

3. 有压进水口的轮廓尺寸设计

进水口一般应由进口段、闸门段和渐变段组成。进水口的轮廓应使水流平顺、流速变化较小，应确保水流与四周侧壁之间无负压及涡流且进口流速不宜太大（一般应控制在 1.5m/s 左右）。

（三）有压进水口的主要设备

1. 拦污设备

有压进水口拦污设备的功用是防止漂木、树枝、树叶、杂草、垃圾、浮冰等漂浮物随水流进入进水口，同时也不让这些漂浮物堵塞进水口，以确保机组正常运行。目前，常用的主要拦污设备为进口处的拦污栅。

（1）拦污栅的布置及支承结构

拦污栅的立面布置可以是倾斜的也可以是竖直的，洞式和墙式进水口的拦污栅常布置成倾斜的（倾角为 60°~70°。这种布置的优点是过水断面大、易于清污），塔式进水口的拦污栅也可以布置成倾斜或竖直的（具体如何布置取决于进水口的结构形状），坝式进水口的拦污栅一般布置成竖直的。拦污栅的平面形状可以是平面的或多边形的（前者便于清污，后者可增大过水面），洞式和墙式进水口一般采用平面拦污栅，塔式和坝式进水口则两种均可采用，拦污栅平面布置结构简单，便于机械清污。拦污栅通常由钢筋混凝土框架结构支承，拦污栅框架一般由墩（柱）及横梁组成，墩（柱）侧面应留槽（拦污栅片插在槽内，上、下两端分别支承在两根横梁上，承受水压时相当于简支梁），横梁的间距一般应不大于 4m（间距过大会加大栅片的横断面，过小会减小净过水断面增加水头损失），拦污栅框架顶部应高出需要清污时的相应水库水位。

（2）拦污栅栅片

拦污栅通常由若干块栅片组成，每块栅片的宽度一般应不超过 2.5m，高度应不超过

4m，栅片像闸门一样插在支承结构的栅槽中（必要时可一片片提起检修）。拦污栅的矩形边框通常由角钢或槽钢焊成，纵向的栅条则常由扁钢制成，上、下两端焊在边框上。拦污栅沿栅条的长度方向等距设置了几道带有槽口的横隔板（栅条背水的一边嵌入该槽口并加焊，这样不仅固定了位置也增加了其侧向稳定性），栅片顶部设有吊环。

（3）拦污栅设计

拦污栅设计工作包括过栅流速、栅条的厚度与宽度及栅条净距等。所谓过栅流速，是指扣除墩（柱）、横梁及栅条等各种阻水断面后按净面积计算出的流速，拦污栅总面积小则过栅流速大、水头损失大、漂浮物对拦污栅的撞击力大，清污也困难，拦污栅总面积大则会增加造价甚至会造成布置困难，因此为便于清污，过栅流速应以不超过 1.0m/s 为宜。当河流污物很少（或加设了粗栅、拦污浮排后使拦污栅前污物很少）而水电站引用流量又较大时过栅流速可适当加大。拦污栅的栅条厚度及宽度应通过强度计算确定，常规尺寸为厚 8~12mm、宽 100~200mm。拦污栅的栅条净距 b 大则拦污效果差、水头损失小；相反若 b 小则拦污效果好、水头损失大。因此，拦污栅的净距应保证通过拦污栅的污物不会卡在水轮机过流部件中。通常情况下，混流式水轮机取 $b=D_1/30$，轴流式水轮机取 $D_1/20$，冲击式水轮机取 $b=d/5$，其中 D_1 为转轮标称直径，d 为喷嘴直径。拦污栅最大净距不宜超过 20cm，最小净距不宜小于 5cm。拦污栅与进水口间的距离应不小于 D（洞径或管道直径）以保证水流平顺。拦污栅的总高度决定于库水位及清污要求，对于不要求经常清污的大型水库，拦污栅框架的顶部高程可做在汛前水位以上（以便每年能有机会清理和维修拦污栅）。对漂浮物多、需要经常清污的电站则拦污栅的顶部高程应高于清污的最高水位。拦污栅及支承结构的设计荷载主要有水压力、清污机压力、清污机自重、漂浮物（浮木及浮冰等）的冲击力、拦污栅及支承结构的自重等。拦污栅设计中的水压力是指拦污栅可能堵塞的情况下，栅前、栅后的压力差（一般可取 4~5m 均匀水压力进行设计）。拦污栅栅片上、下两端支承在横梁上，栅条相当于简支梁，故设计荷载确定后就可求出其所需的截面尺寸。栅片的荷载传给上、下两根横梁，横梁受均布力，横梁、柱墩应按框架结构进行设计。

（4）拦污栅的清污及防冻设计

拦污栅被污物堵塞后水头损失会明显增大，因此拦污栅必须及时清污（以免造成额外的水头损失）。拦污栅堵塞不严重时清污方便，堵塞过多则过栅流速大、水头损失加大并会出现污物被水压力紧压在栅条上的情况（导致清污困难，有时甚至会造成被迫停机或发生压坏拦污栅的事故）。拦污栅的清污方式有人工清污和机械清污两种。人工清污是用齿耙扒掉拦污栅上的污物（一般用于小型水电站的浅水、倾斜拦污栅），大中型水电站常用清污机。拦污栅吊起清污方法可用于污物不多的河流并结合拦污栅检修工作同时进行，拦污栅吊起清污方法有时也用于污物（尤其是漂浮的树枝）较多、水下清污困难的情况（这种情况下可设两道拦污栅，一道吊出清污时，另一道可以拦污，以保证水电站正常运行）。在严寒地区要防止拦污栅封冻，如冬季仍能保证全部栅条完全处于水下，则水面形成冰盖后，下层水温高于 0℃，栅面不会结冰。如栅条露出水面则要设法防止栅面结冰（一种方法是在栅面上通过 50V 以下电流形成回路使栅条发热。另一种方法是将压缩空气用管道通到拦污栅上游面的底部后边通过均匀布置的喷嘴中喷出，形成自下向上的夹气水流，将下层温水带至栅面并增加水流紊动、防止栅面结冰）。

2. 闸门及启闭设备设计

为控制水流，进水口必须设置闸门（闸门可分为事故闸门和检修闸门）事故闸门的作用主要是当机组或引水道发生事故时，迅速切断水流（以防事故扩大），事故闸门通常悬挂于孔口上方，事故时要求在动水中可快速关闭（1~2min），闸门要求在静水中开启（先用充水阀向门后充水，待闸门前后水压基本平衡后再开启闸门。由于引水道末端阀门会漏水，特别是水轮机导叶漏水量较大，所以事故闸门应能在 3~5m 水压下开启），事故闸门一般为平板门，其启闭设备可采用固定式卷扬启闭机或油压启闭机（应每个闸门配置一套以便随时操作闸门。闸门操作应尽可能自动化并能吊出检修）。检修闸门通常设在事故闸门上游侧，作用是在进行事故闸门及其门槽检修时用以堵水，检修闸门一般采用平板闸门（中小型电站也可以采用叠梁门），检修闸门要求在静水中启闭并可以几个进水口共用一套检修闸门（可用移动式或临时启闭设备启闭），平时检修闸门应存放在贮门室内。

3. 通气孔

通气孔通常设在有压进水口的事故闸门之后，其作用是当引水道充水时用以排气，当事故闸门紧急关闭放空引水道时用以补气以防出现有害真空。若闸门为前止水布置则可利用事故闸门竖井兼作通气孔，若闸门为后止水则必须设专门的通气孔。通气孔内应设爬梯。通气孔的面积取决于事故闸门关闭时的进气量，进气量的大小一般取引水道的最大引用流量，进气量除以允许进气流速即得通气孔的面积。即：

$$A = \frac{Q_a}{V_a}$$

式中，Q_a 为空气进气量（采用引水道的最大引水流量），m^3/s；V_a 为允许进气流速，m/s。允许进气流速与引水道的形式有关，露天式管道进水口进气流速一般可取 30~50m/s，坝内管道和隧洞可取 70~80m/s。为简便起见，发电引水道工作闸门或事故闸门后的通气孔面积可取管道面积的 5%左右，通气孔顶端应高出上游最高水位（以防水流溢出）。

4. 充水阀

充水阀的作用是开启闸门前向引水道充水以平衡闸门前后水压（以便利在静水中开启

闸门，从而减小闸门启闭力），充水阀的尺寸可根据充水容积、下游漏水量及要求的充水时间确定，坝式进水口应设旁通管（管的上游通至上游坝面，下游通到事故闸门之后，旁通管应穿过坝体廊道并在廊道内设充水阀）。另一种方法是将充水阀设置在平板门上并利用闸门拉杆启闭。闸门关闭时，在拉杆及充水阀重量的共同作用下充水阀关闭；开启闸门前，先将拉杆吊起 20cm 左右，这时充水阀开启（闸门门体未提起）并开始向引水道充水，充水完毕再提起闸门。

三、水电站无压进水口及沉沙池设计

（一）水电站无压进水口设计的基本要求

水电站无压进水口内水流为明流，以引表层水为主，进水口后一般接无压引水道。无压进水口适用于无压引水式电站，作用是控制水量与水质并保证使发电所需水量以尽可能小的水头损失进入渠道。水电站无压进水口设计包括进水口位置、拦污设施以及拦沙、沉沙、冲沙设施等内容。

1. 进水口位置设计

正确地选择进水口的位置可以使水流平顺、水头损失减少，同时还可以减轻泥沙和冰凌的危害。无压进水口上游一般无大水库，河中流速较大（尤其是洪水期），泥沙、污物等可顺流而下直抵进水口前，这种平面上的回流作用常使漂浮物堆积于凸岸，剖面上的环流作用则将底层泥沙带向凸岸，而使上层清水流向凹岸。因此，进水口应布置在河流弯曲段凹岸。

2. 拦污设施设计

进水口一般均设拦污栅或浮排以拦截漂浮物。当树枝、草根等污物较多时常可设粗、细两道拦污栅，当河中漂木较多时则可设胸墙拦阻漂木。

3. 拦沙、沉沙、冲沙设施设计

水电站无压进水口应能防止有害泥沙进入引水道（以免淤积引水道、降低过流能力以及磨损水轮机转轮和过流部件等）。水电站无压进水口前常设拦沙坎以截住沿河底滚动的推移质泥沙（并通过冲沙底孔或廊道将其排至下游）。

（二）沉沙池设计的基本要求

多泥沙河流水电站为避免大颗粒泥沙进入水轮机，通常在无压进水口后修建沉沙池。沉沙池的基本原理是通过加大过水断面并借助分流墙或格栅形成均匀的低速区以减小水流

挟沙能力从而使有害泥沙沉积在池内而让清水进入引水道。沉沙池内水流平均流速一般宜为 0.25~0.70m/s（具体可视有害泥沙粒径确定），沉沙池要有足够的长度以确保沉沙效果。沉沙池内沉积的泥沙要及时排除（可采用冲沙廊道冲沙，冲沙方式通常有连续冲沙、定期冲沙及机械排沙三种方法）。定期冲沙的沉沙池，当泥沙淤积到一定深度时可关闭池后进入引水渠的闸门、打开冲沙道的闸门以降低池中水位，然后向原河道中冲沙。为不影响发电可将沉沙池做成数个并列的沉沙道定期轮换冲沙。机械排沙则是指用挖泥船等排除沉积的泥沙。

第三节　水电站引水道建筑物设计

一、水电站引水道的特点及设计要求

水电站引水道的作用是集中落差、形成水头、将水流输送到水电站厂房，然后将发电后的水流（称为"尾水"）排到原河道。引水道大致可分为无压引水道和有压引水道两大类。无压引水道的特点是具有自由水面，引水道承受的水压不大，适用于无压引水式水电站（其河道或水库的水位变化不大），无压引水道最常用的结构形式是渠道和无压隧洞。渠道常沿山坡等高线布置，由于受地形及地质条件制约，其长度和开挖工程量一般较大且运行期内要经常进行维护、修理，但由于其在地表面施工故比较方便，中、小型电站常采用渠道引水方式。某些特殊情况下（比如遇到崎岖山坡等）可能无法沿着不规则的等高线布置引水道，故对较深的峡谷可采用渡槽越过；对较浅的峡谷则可用倒虹吸穿越；而对山岭则采用无压隧洞穿过。有压引水道的特点是引水道内为压力流，承受的水压力较大，适用于有压引水式水电站（其河道或水库水位变幅较大），有压隧洞是有压引水道最常用的结构形式（它可以利用岩体承受内水压力和防止渗漏），有压引水道在很特殊情况下可采用压力管道。

（一）水电站引水渠道设计

1. 水电站引水渠道设计的基本要求

水电站的引水渠道与一般灌溉和供水渠道不同。电网中一天负荷变化很大，水电站一般起调峰作用，其引用流量随负荷变化而变化，因此，通常将水电站的引水渠道称为动力渠道。水电站引水渠道应满足以下三个方面基本要求：①输水能力足够，即当电站负荷发生变化时，机组的引用流量也会随之变化。为使引水渠道能适应由于负荷变化而引起的流量变化要求，渠道必须有合理的纵坡和过水断面。一般可按水电站的最大引用流量 Q_{max} 设计。②水质符合要求，即应防止有害污物和泥沙进入渠道，渠道进口、沿线及渠末都要采取拦污、防沙、排沙措施。③运行安全可靠，即应尽可能减少输水过程中的水量和水头损失，故渠道要有防冲、防淤、防渗漏、防草、防凌等功能。渠道内水流速度要小于不冲流速而大于不淤流速，渠道的渗漏要限制在一定范围内（过大的渗漏不仅会造成水量损失而且会危及渠道安全），渠道中长草会增大水头损失、降低过水能力（故在易长草季节应维持渠道中的水深大于 1.5m 及流速大于 0.6m/s，这样可以抑制水草的生长），渠道中加设护面既可减小糙率又可防渗、防冲、防草并有利于维护边坡稳定、保证电站出力（但工程造价会相应增加）。严寒季节水流中的冰凌会堵塞进水口的拦污栅，为防止冰凌的生成可暂时降低水电站出力，使渠道流速小于 0.45~0.60m/s 并迅速形成冰盖（为了保护冰盖，渠内流速应限制在 1.25m/s 以下并应防止过大的水位变动）。在进行水电站引水渠道线路选择时，主要应考虑沿线的地质和地形条件（一般应选择在岩体稳定性较好、渗透性和风化较弱的区域），下列五种情况下不宜选择无压引水渠道方案：山坡不稳定、山坡过陡、渠道以上的山坡有不稳定山体（或常有石块滚落下来）、有可能发生雪崩部位、气候严寒且冰冻期较长（渠中水流有冰冻的可能），在遇到上述这些问题时可采用相应的工程措施（比如将渠道局部封闭等）。

2. 水电站引水动力渠道的类型

目前，水电站引水动力渠道大致有非自动调节渠道和自动调节渠道两类。

（1）非自动调节渠道

非自动调节渠道的渠顶大致平行渠底，渠道的深度沿途不变，在渠道末端的压力前池中设有泄水建筑物（溢流堰）。当水电站的引用流量等于渠道设计流量时，水流处于均匀流状态、水面线平行渠底、渠内为正常水深、压力前池水位低于堰顶，当电站引用流量小于渠道设计流量时水面线为壅水曲线、水位超过堰顶并开始溢流，当水电站引用流量为零时通过渠道的全部流量泄向下游。非自动调节渠道的优点是渠顶能随地形而变化，当渠道较长、底坡较陡时工程量比较小，溢流堰可限制渠末的水位以保证向下游供水。非自动调节渠道的缺点是若下游无用水要求而进口闸门又不能及时关闭时会造成大量无益弃水。

（2）自动调节渠道

自动调节渠道的渠道首部堤顶和尾部堤顶的高程基本相同并高出上游最高水位，渠道断面向下游逐渐加大，渠末不设泄水建筑物。当水电站的引用流量为零时，渠道内水位是水平的且渠道不会发生漫流和弃水现象，当水电站引用流量小于渠道设计流量时渠道内出现壅水曲线，当水电站引用流量大于渠道设计流量时渠道内为降水曲线。自动调节渠道在最高水位和最低水位之间有一定的容积，从而可在一定程度上起到自动调节的作用，为电站适应负荷变化创造了条件（但工程量较大）。

3. 渠道的断面尺寸

水电站引水渠道一般在山坡上采用挖方、回填或半挖半填的方式修建，其断面形状也多种多样（有梯形、矩形等，以梯形最为常见）。水电站引水渠道边坡坡度取决于地质条件及衬砌情况，在岩石中开凿出来的渠道边坡可近于垂直而成为矩形断面，在选择断面形式时应尽力满足水力最佳断面同时还要考虑施工、技术方面的要求，应确定合理实用的断面。确定水电站引水渠道断面尺寸时，首先应在满足防冲、防淤、防草等技术条件基础上拟订几个可能的方案，然后经过动能及经济比较选出最优方案（经过动能及经济计算后得到的渠道断面称为经济断面）。

4. 渠道的水力计算

渠道水力计算的主要任务是根据设计流量选定断面尺寸、糙率、纵坡和水深。

（1）恒定流计算方法

恒定流计算方法先根据均匀流理论计算得出流量 Q、过水断面 F、水力半径 R、底坡 i、糙率 n 之间的关系（若 i、F 均已选定，则可求出渠道正常水深与流量之间的关系曲线 h_n-Q），再根据断面 F 假定一系列临界水深 h_n，据而可算得与其相对应的流量 Q 并作出 h_n -Q 关系曲线，然后根据非均匀流理论确定水面曲线。对于给定的渠首设计水深 h_1（水库为设计低水位、闸门全开下的渠首水深），可利用水力学中非均匀流水面曲线的计算方法求出渠道通过不同流量时渠末水深 h_2 并绘出 h_2-Q 关系曲线，最后根据渠末溢流堰的实际尺寸按堰流公式得出渠末水深 h_2（等于堰顶至渠底的高度 h_w，加上堰上水头）与溢流流量 Q_w 的关系曲线 h_w-Q_w。h_n-Q 曲线与 h_2-Q 曲线的交点 N 表示 $h_1 = h_2$、渠内发生均匀流，此时的流量相应于渠道的设计流量 Q_d。若水电站引用流量大于 Q_d 则 $h_2 < h_n$，渠中出现降水曲线且随着流量的增加 h_2 迅速减小。h_2 的极限值是临界水深 h_c，即 h_c-Q 与 h_2-Q 曲线的交点 C。此时的流量 Q_c 为给定渠首水深 h_1 下渠道的极限过水能力。Q_d 一般应采用水电站的最大引用流量 Q_{max}，目的是使渠道经常处于壅水状态工作以增加发电水头，避免因流量增加不多而水头显著减小的现象，使渠道的过水能力留有余地以防止渠道淤积、长草或实际糙率大于设计采用值时水电站出力受阻（发不出额定出力）。水电站引用流量小于 Q_{max}（Q_d）时渠中出现壅水曲线，渠末水位随流量减小而上升，当水电站引用流量等于 Q_A 时（h_2-Q 曲线与堰顶高程线的交点 A 处 $h_2 = h_w$，刚好不溢流），当水轮机流量 Q_t，在 0 与 Q_A 之间时 $h_2 > h_w$ 溢流堰发生溢流（溢流流量为 Q_w，通过渠道的流量为 $Q_t + Q_w$），当水电站停止运行（$Q_t = 0$）时通过渠道的流量全部由溢流堰溢走（相应于 h_2-Q 曲线与 h_w-Q_w 曲

线的交点 B，这就是溢流堰在恒定流情况下的最大溢流流量 Q_{Wmax}，相应水位为恒定流下渠末最高水位）。当水库水位在一定范围内变化时，其渠首水深 h_1 也要发生变化，故可取几个典型 h_1 进行非均匀流计算得出相应的 h_2-Q 曲线进行综合分析。

（2）非恒定流计算方法

非恒定流计算的目的是研究水电站负荷变化时渠道中水位和流速的变化过程，计算内容包括水电站突然丢弃负荷时渠道涌波的计算（求出渠道沿线的最高水位以确定堤顶高程）；水电站突然增加负荷时渠道的涌波计算（求出最低水位以确定压力管道进口高程）；在任何情况下，压力管道进口不得露出水面；水电站按日负荷图工作时渠道中水位及流速变化过程（以研究水电站的工作情况）。

（二）水电站引水隧洞设计

发电隧洞是水电站最常见的输水建筑物之一。发电隧洞按作用的不同，可分为引水隧洞和尾水隧洞；根据隧洞工作条件的不同，又可分为有压隧洞和无压隧洞。发电引水隧洞多数是有压的，而尾水隧洞则以无压洞居多。

1. 发电隧洞的线路选择

发电隧洞的线路选择是水电站设计中的重要内容，关系到隧洞的造价、施工难易、施工安全、工程进度和运用可靠性等。发电隧洞线路选择要和进水口、调压室、压力管道及厂房位置联系起来综合考虑，必须在认真勘测的基础上拟订出各种不同方案，经过技术经济比较后确定最终方案。在满足水电站枢纽总体布置前提下，隧洞线路布置的总原则是"洞线短、弯道少，沿线工程地质、水文地质条件好，便于布置施工平洞"。

①地形条件要求。隧洞进出口处地形宜陡，进出口段应尽量垂直地形等高线，其洞顶围岩厚度应不小于 1.0 倍开挖洞径，洞身的埋藏深度应满足洞顶以上围岩重量大于洞内静水压力的要求（拟利用围岩抗力时围岩厚度应不小于 3.0 倍开挖洞径），要利用山谷等有利地形布置施工支洞。

②地质条件要求。隧洞线路应布置在地质构造简单、山岩比较完整坚固、山坡稳定的地区，应尽量避开不利的地质构造（比如断层、破碎带和可能发生滑坡的不稳定地段），同时应尽量避开山岩压力很大、渗水量很大的岩层。当洞线与岩层、构造断裂面及主要较弱带相交时其夹角应尽量靠近 90°，在整体块状结构的岩体中其夹角不宜小于 30°，在层状岩体中（特别是层间结合疏松的高倾角薄岩层）其夹角不宜小于 45°。隧洞的进出口在开挖时易于塌方，在运用中也容易受地震破坏，因此应选择覆盖或风化层浅、岩石比较坚固完整的地段，以避免施工和运用中发生塌方、堵塞洞口的事故（如果无法避开则可以通

过结构设计和施工措施加以改善）。

③施工条件要求。对于长隧洞，洞线选择时还应考虑设置施工支洞问题（以便增加施工工作面、改善施工条件、加快施工进度），有压隧洞要设 0.3%～0.5% 的纵坡以利于施工排水及放空隧洞。

④水力条件要求。发电隧洞洞线应尽可能直，应少转弯（必须转弯时其弯曲半径一般应大于 5 倍洞径且转角不宜大于 60°）以使水流平顺并减小水头损失。

2. 发电隧洞的水力计算

有压隧洞的水力计算包括恒定流及非恒定流两种。恒定流计算的目的是研究隧洞断面、引用流量及水头损失之间的关系以便确定隧洞尺寸。非恒定流计算的目的是求出隧洞沿线各点的最大、最小内水压力值。先求出调压室内的最高及最低水位，水库水位与调压室内的最高水位的连线即为隧洞的最大内水压力坡降线（据此可确定隧洞衬砌的设计水头），水库的低水位与调压室最低水位的连线即为隧洞最小内水压力坡降线，隧洞顶各点高程应在最低压坡线之下并有 1.5～2.0m 的压力余幅（以保证洞内不出现负压）。当隧洞末端无调压室时其非恒定流计算即为水击计算。应避免在隧洞中出现时而无压、时而有压的不稳定工作状态。

3. 发电隧洞的断面尺寸设计

发电隧洞常见的隧洞断面形式有圆形、城门洞形、马蹄形及高拱形四类。有压隧洞常采用圆形断面。无压隧洞当地质条件良好时，通常可采用城门洞形，若洞顶和两侧围岩不稳则可采用马蹄形，若洞顶岩石很不稳定则应采用高拱形。发电隧洞的断面尺寸应根据动能及经济计算选定，不太重要的工程常可借助经济流速控制（有压隧洞的经济流速 V_e 一般在 4m/s 左右，求出 Q_{max}/V_e 值即可求得经济断面）。

二、水电站压力前池与日调节池的设计

（一）压力前池的作用

压力前池的作用主要体现在以下四个方面：

①平稳水压、平衡水量。当机组负荷发生变化时，引用流量的改变会使渠道中的水位产生波动，由于前池有较大的容积故可减少渠道水位波动的振幅、稳定发电水头。另外，前池还可起到暂时补充不足水量和容纳多余水量的作用，以适应水轮机流量的改变。

②均匀分配流量。从渠道中引来的水经过压力前池能够均匀地分配给各压力管道，管道进口应设控制闸门。

③宣泄多余水量。当电站停机时向下游供水。

④拦阻污物和泥沙。前池设有拦污栅、拦沙、排沙及防凌等设施,可防止渠道中漂浮物、冰凌、有害泥沙进入压力管道以保证水轮机正常运行。

(二) 压力前池的组成

压力前池由前室(池身及扩散段)、进水室及设备、溢水建筑物、放水和冲沙设备、拦冰和排冰设备等组成。

1. 前室 (池身及扩散段)

压力前池前室是渠末和压力管道进水室间的连接段,由扩散段和池身组成。扩散段可保证水流平顺地进入前池并减少水头损失。池身的宽度和深度受高压管道进口的数量和尺寸控制(以满足进水室要求)。

2. 进水室及其设备

压力前池进水室是指压力管道进水口部分(通常采用压力墙式进水口),进口处设有闸门及其控制设备、拦污栅、通气孔等设施。

3. 溢水建筑物

当水电站以较小的流量工作或停机时多余的水量会由溢水建筑物泄走(以防止前池水位漫过堤顶并保证向下游供水)。溢水建筑物一般由溢流堰、陡槽和消能设施等组成。溢流堰应紧靠前池布置,其形式可分为正堰和侧堰两种。溢流堰堰顶一般不设闸门(水位超过堰顶时前池内的水就自动溢流)。

4. 放水和冲沙设备

从引水渠道带来的泥沙会沉积在前室底部,因此在前室的最低处应设冲沙道并在其末端设控制闸门(以便定期将泥沙排至下游)。冲沙道可布置在前室的一侧或在进水室底板下做成廊道。冲沙孔的尺寸一般应不小于 $1m^2$,廊道的高度应不小于 $0.6m$,冲沙流速通常应为 $2\sim3m/s$。冲沙孔有时可兼做前池的放水孔(以便在前池检修时用来放空存水)。

5. 拦冰和排冰设备

排冰道只有在北方严寒地区才设置,排冰道的底板应在前池正常水位以下并用叠梁门进行控制。

(三) 压力前池的布置原则

压力前池的布置与引水道线路、压力管道、电站厂房及本身的溢水建筑物等有密切联系，因此，应根据地形、地质和运行条件并结合整个引水系统及厂房布置进行全面和综合的考虑。前池的整体布置应使水流平顺、水头损失最少（以提高水电站的出力和电能），前池的整体布置应能使渠道中心线与前池中心线平行或接近平行，前室断面应逐渐扩大，平面扩散角不宜大于 10°，前池底部坡降的扩散角也不大于 10°。前池应尽可能靠近厂房以缩短压力管道的长度，前池中的水流应均匀地向各条压力管道供水（以使水流平顺、无漩涡发生），前池在运行方面应力求清污、维护、管理方便（同时还应使泄水与厂房尾水不发生干扰）。前池应建在天然地基的挖方中而不应设置在填方或不稳定地基上（以防由于山体滑坡和不均匀沉陷导致前池及厂房建筑物的破坏）。

（四）压力前池的尺寸拟定方法

1. 前池中特征水位的设计

第一，正常水位$\nabla_{正常}$的确定。$\nabla_{正常}$可近似采用当引水渠道为设计流量时的渠末正常水位∇渠末正常，即：

$$\nabla_{正常} = \nabla_{渠末正常}$$

第二，前池$\nabla_{最高}$水位的确定。一般认为，自动调节渠道前池最高水位与渠道设计流量最高水位高程齐平或按水电站丢弃全部负荷时产生的最大涌波高程考虑。非自动调节渠道的前池最高水位则为溢流堰顶加堰上最高溢流水深 $h_{堰}$，由于堰顶高程通常应按前池的正常水位加上 3~5cm 考虑，故：

$$\nabla_{最高} = \nabla_{正常堰} + h_{堰} + （0.03 \sim 0.05\text{m}）$$

溢流堰下泄流量常取水电站的最大引用流量。

第三，前池中的最低水位$\nabla_{最低}$的确定$\nabla_{最低}$应根据以下两种情况确定：

①当枯水期渠道来水量为电站最小引用流量时，其渠末水位为前池最低水位，即：

$$\nabla_{最低} = \nabla_{渠末底} + h_{渠末}$$

式中，$\nabla_{渠末底}$为渠末底部高程；$h_{渠末}$为最小引用流量时的渠末水深。

②发生在水轮机突然增加负荷、池中水位突然最大下降的前池水位。此时应根据运行可能出现的最不利情况进行计算，例如其他机组满发而最后一台机组突然带上满负荷，若非恒定流的落波计算值为波，而增加负荷前的前池中的水位为起始，则前池中的最低水位为：

$$\nabla_{最低} = \nabla_{起始} - \xi_{波}$$

落波的波高一般可按以下近似公式计算，即：

$$c = \sqrt{g\frac{A}{B_1} - v_0}$$

$$\xi_{波} = \frac{\Delta Q}{cB_1}$$

式中，c 为落波沿渠道的传播速度，m/s；A 为流量变化前渠道过水断面的面积，m^2；$\xi_{波}$ 为落波高，m；v_0 为流量变化前渠道中的流速，m/s；ΔQ 为由于负荷增加而相应增加的流量，m^3/s；B_1 为落波高度一半处渠道过水断面的水面宽度，m；g 为重力加速度（$g = 9.81 m^2/s$）。若 B 代表流量变化前的过水断面宽度、$\alpha_{坡}$ 代表渠道的边坡系数，则有

$$B_1 = B - a_{坡} \times \xi_{坡}$$

第四，进水室中的正常水位 $\nabla_{进}$ 的确定 $\nabla_{进}$ 为前室正常水位减去局部水头损失，即

$$\nabla_{进} = \nabla_{前正常} - (\Delta h_{进} + \Delta h_{门槽} + \Delta h_{栏}) = \nabla_{前正常} - \Delta h$$

式中，$\Delta h_{进}$、$\Delta h_{门槽}$、$\Delta h_{栏}$ 分别为水流经进水室、闸门槽及拦污栅时的水头损失。

第五，进水室的最低水位 $\nabla_{进最低}$ 的确定。$\nabla_{进最低}$ 即为压力水管进口处的最低水位，即

$$\nabla_{进最低} = \nabla_{最低} - \Delta h$$

式中，各符号的单位及含义同前。

2. 前池尺寸的拟定

第一，前室边墙高程 $\nabla_{墙顶}$ 的确定。对自动调节渠道其前池边墙的高程与进水口顶部的高程相同，对非自动调节渠道其池身边墙的高程 $\nabla_{墙顶}$ 应保证水流不漫顶并有适当的安全超高 δ。

$$\nabla_{墙顶} = \nabla_{最高} + 3\delta$$

式中，δ 的值一般可取 0.5m（前池面积较小时可取略小于 0.5m 的数值）。

第二，宽度 B 的确定。B 应与进水室前沿的总宽度 B_k 相等。

第三，前室入口部分的深度 h 的确定。h 应为渠道末端底部至边墙顶部的高度。

第四，前室末端的深度 H 的确定。前室末端的深度 H 为

$$H = H_k + h_{拦沙}$$

式中，$h_{拦沙}$ 为拦沙坝的高度，可取 0.5~1.0m。

第五，前室的长度 L 的确定，为保证渠道在平面上和前室最大宽度相连接以及在深度上和池身最大深度相连接，前室长 L 应为

$$L = (3{\sim}5)(H-h) + (0.5{\sim}1.0)（m）$$

第六，进水室宽度的确定。一个进水室的宽度 b_k 通常约为压力水管直径 D 的 1.5~1.8 倍，则进水室前沿的总宽度 B_k 为

$$B_k = nb_k + (n-1)d$$

式中，n 为压力水管数目；如为单个进水室的宽度/为中间隔墩厚度（浆砌块石隔墩取 0.8~1.0m，混凝土隔墩取 0.5~0.6m）。

第七，进水室的进口水深 h_k 的确定。h_k 应使进口流速不超过拦污栅的允许过栅流速 V，故

$$h_k \geqslant q_{max}/(b_k \upsilon)$$

式中，q_{max} 为每个进水室的最大流量；υ 为进口拦污栅允许过栅的流速（当采用人工清污机时，栅前流速一般不超过 0.8~1.0m/s）。

第八，进水室底板高程 $\nabla_{进底}$ 的确定。根据 h_k、$\nabla_{进底} = \nabla_{进最底} - h_k$ 同时 $\nabla_{进底}$ 还应满足不让空气带入压力水管的条件，要求

$$\nabla_{进底} = V_{进最底} - S - D/\cos\alpha$$

式中，$S = (2\sim3) \upsilon_{max}^2 / (2g)$；$\upsilon_{max}$ 为压力水管通过最大引用流量时的流速，m/s；D 为压力水管直径，m；α 为压力水管中心线与水平面的交角，°。

第九，进水管长度 $L_{进}$ 的确定，进水室长度 $L_{进}$ 主要决定于拦污栅、工作闸门、通气孔、工作桥启闭机等设备的布置。小型电站一般为 3~5m。

第十，前池瞬时容积的校核。前池调节的作用是当发电流量在产生变化的瞬间保证供水的连续性使其不至于中断，故要求前池的瞬时容积 $V_{池瞬}$ 为

$$V_{池瞬} = B'L'\Delta h'$$

式中，B' 为渠道宽度，m；L' 为渠道总长，m；$\Delta h'$ 为渠道增加的水深（$\Delta h' = h_2 - h_1$）；h_2、h_1 分别为渠道中流量发生变化后与变化前的水深（可由曼宁公式计算）。求出 $V_{池瞬}$ 后即可再推求前池面积，设前池面积为 A（m^2）最低水位以上的可调水深为 t（m），则

$$V_{池瞬} = A_t \text{ 或 } A = V_{池瞬}/t$$

式中，t 一般可取 1~3m（具体应根据地形、水头等情况确定，在最低水位以下容积起调节作用，只要满足进水条件即可）。

3. 溢流堰的尺寸确定

溢流堰的位置由厂房枢纽整体布置决定，溢流堰的断面形状一般做成流线型。当前池最高水位决定后即可根据堰流公式求出所需溢流堰的长度，即

$$L = Q_{max}/(Mh_{堰}^{3/2})$$

式中，M 为溢流堰流量系数；$h_{堰}$ 为堰上水深（一般可取 0.4~0.5m）。有时可能需要先决定 L 再求 $h_{堰}$，从而确定前室的最高水位。

（五）日调节池设计

担任峰荷的水电站一日之内的引用流量在 0 与 Q_{max} 之间变化，而渠道是按 Q_{max} 设计的，因此一天内的大部分时间中渠道的过水能力得不到充分利用。另外，由于引用流量的

变化，在渠道中会引起水位波动。为了进行日调节可在渠道下游合适的地方修建日调节池（它可以用人工开挖，也可用筑堤围建方法建成）。日调节池与压力前池之间的渠道按 Q_{max} 设计而日调节池上游一段渠道则应按日平均流量设计，这样渠道断面可以减小。当水电站引用流量大于日平均流量时其不足水量可从日调节池中获取（日调节池中水位随之下降），当水电站引用流量小于日平均流量时日调节池储蓄部分水量（池中水位回升），这样可减少前池水位的剧烈波动。因此，在一定条件下设置日调节池可降低渠道的投资和改善水电站的运行条件。

第五章 水电站压力管道设计

第一节 水电站压力管道概述

一、水电站压力管道的功用、类型与要求

水电站压力管道是从水库、压力前池或调压室向水轮机输送水量的水管，一般为有压状态。水电站压力管道的特点是集中了水电站大部分或全部的水头、坡度较陡、内水压力不同时还要承受动水压力的冲击（水击压力）。另外，因其靠近厂房，一旦发生破坏会严重威胁厂房安全。鉴于以上叙述，水电站压力管道是极具特殊重要性的器件，故对其材料、设计方法和加工工艺等都有许多特殊要求。压力管道的主要荷载为内水压力，管道的内直径 D（m）和其承受的水头 H（m）及其乘积（HD 值）是标志压力管道规模及技术难度的重要参数。

水电站压力管道可按布置形式和所用材料的不同进行分类，压力管道的常见类型见表5-1。其中，明管适用于引水式地面厂房，地下埋管多为引水式地面或地下厂房采用，混凝土坝身管道则只能在混凝土坝式厂房中使用。由于钢材强度高、防渗性能好，故钢管或钢衬混凝土衬砌管道主要用于中、高水头水电站，而钢筋混凝土管则适用于普通中、小型水电站。除了表5-1中所列的压力管道类型外，可用作水电站压力管道还有回填管（多用于尾矿坝排水管）、土坝下埋管、木管、铸铁管等（这些类型的管道目前在大、中型水电站中已基本不用，但在小型水电站中有时还能见到）。

表 5-1　压力管道的常见类型

结构形式	使用材料及构造特点
明管或露天式，是指布置在地面上的水电站压力管道	为钢管或钢筋混凝土管
地下埋管是指埋入地下山岩中的水电站压力管道	不衬砌、锚喷或混凝土衬砌、钢衬混凝土衬砌，为聚酯材料管

续表

结构形式	使用材料及构造特点
混凝土坝身管道是指依附于坝身的水电站压力管道，通常包括坝内管道、坝上游面管、坝下游面管等部分	多为钢筋混凝土结构、钢衬钢筋混凝土结构、预应力钢筋钢衬混凝土结构等

（一）钢管

用作水电站压力管道的钢管按其自身的结构可分为无缝钢管、焊接钢管、箍管三类。无缝钢管直径较小，适用于高水头小流量的情况。焊接钢管适用于较大直径的情况，焊接钢管通常是由弯成圆弧形的钢板焊接而成。

当 $HD>1\,000\text{m}^2$ 时，钢板厚度一般会超过 40mm，此时加工比较困难，故在这种情况下常采用箍管，箍管是在焊接管或无缝钢管外套以无缝的钢环（钢箍，称为"加劲环"）制成的，箍管可使管壁和钢箍共同承受内水压力，因此可以减小管壁钢板的厚度。用作水电站压力管道的钢管所使用的钢材应根据钢管结构形式、钢管规模、使用温度、钢材性能、制作安装工艺要求以及经济性等因素参照相关设计规范选定。

（二）钢筋混凝土管

用作水电站压力管道的钢筋混凝土管具有造价低、刚度较大、经久耐用等多种优点，通常主要用于内压不高的中、小型水电站。用作水电站压力管道的各类钢筋混凝土管，除了普通的钢筋混凝土管外，还有预应力钢筋混凝土管、自应力钢筋混凝土管、钢丝网水泥管、预应力钢丝网水泥管等。普通钢筋混凝土管适用于 $HD<50\text{m}^2$ 的情况，预应力和自应力钢筋混凝土管的 HD 可达到 200m^2，而预应力钢丝网水泥管因其抗裂性能好，故其 HD 可超过 300m^2。

（三）钢衬钢筋混凝土管

用作水电站压力管道的钢衬钢筋混凝土管是在钢筋混凝土管内衬钢板制成的，在内水压力作用下钢衬与钢筋混凝土联合受力（从而可以减小钢板的厚度），用作水电站压力管道的钢衬钢筋混凝土管适用于 HD 较高的情况，由于钢衬可以防渗、外包的钢筋混凝土允许开裂，故该类管道有利于充分发挥钢筋的作用。

二、水电站压力管道的线路选择及尺寸拟定

（一）水电站压力管道的供水方式

目前，水电站通过压力管道向多台机组供水的方式主要有三种，即单元供水、联合供水、分组供水。水电站压力管道钢管的首部快速闸门（阀）和事故闸门（阀）必须在中央控制室和现场设置操作装置并要求有可靠的电源为其供电。

1. 单元供水

即单管单机工况，其特点是每台机组都有一条压力管道供水、不设下阀门。其优点是结构简单（无岔管）、工作可靠、灵活性好（当某根管道检修或发生事故时只影响一台机组工作，其他机组照常工作）。另外，单元供水的管道易于制作（无岔管）。其缺点是管道在平面上所占尺寸大、造价高。单元供水方式适用于单机流量大或长度短的地下埋管或明管（混凝土坝身管道也常采用这种供水方式）。

2. 联合供水

即一管多机工况，其特点是一根主管向多台机组供水，在厂房前分岔，在进入机组前的每根支管上设快速阀门。其优点是单管规模大、分岔管多、布置容易。其缺点是造价较高；另外，一旦主管道检修或发生事故须全厂停机。联合供水方式适用于单机流量小、机组少、引水管道较长的引水式水电站（原因是地下埋管中开挖距离相近的几根管并多有一定困难，故常采用这种方式）。

3. 分组供水

即多管多机工况，其特点是设多根主管，每根主管向数台机组供水，在进入机组前的每根支管上设有快速阀门。其优点介于上面两种供水方式之间，适用于压力水管较长、机组台数多、单机流量较小的地下埋管和明管。

（二）水电站压力管道明管布置的基本方式

水电站压力管道与主厂房的关系主要取决于整个厂区枢纽布置中各建筑物的布置情况，目前常采用的明敷钢管引近厂房的方式有三种，即正向引近、纵向引近、斜向引近。

1. 正向引近

管道的轴线与电站厂房的纵轴线垂直。其工作特点是水流平顺、水头损失小、开挖量小、交通方便，其缺点是钢管发生事故时会直接危及厂房安全。正向引近适用于中、低水头电站。

2. 纵向引近

管道的轴线与电站厂房的纵轴线平行。其工作特点是一旦钢管破裂时可以避免水流直冲厂房，其缺点是水流条件不太好、增加了水头损失且开挖工程量较大。纵向引近适用于高、中水头电站。

3. 斜向引近

其管道的轴线与电站厂房的纵轴线斜交。其工作特点介于上述两种布置方式之间。斜向引近常用于分组供水和联合供水的水电站。

（三）水电站压力管道线路选择的基本要求

水电站压力管道的线路选择应结合引水系统中其他建筑物（前池、调压室）和水电站厂房的布置统一考虑，应选择在地形和地质条件均优越的地段。明敷钢管线路选择的一般原则有以下四点：①管道路线应尽可能短而直以降低造价、减少水头损失、降低水击压力、改善机组运行条件（因此，地面压力管道一般应敷设在陡峻的山脊上）。②应选择良好的地质条件（通常要求山体应稳定、地下水位要低，应避开山崩、雪崩以及沉陷量很大的地区和洪水集中的地区，应避开村镇居民区和交通道路等。若无法满足上述要求则要有切实可行的防护措施，若不能避开村镇居民区还要考虑工程对环境的影响）。③应尽量减小管道线路的上下起伏和波折并避免出现负压，需要在平面上转弯时其转弯半径可采用 2~3 倍管道直径（D）并应尽量避免与其他管道或交通道路交叉。④水头高、线路长的管线要满足钢管运输安装以及运行管理、维修等方面的交通要求。另外，为避免钢管一旦发生意外事故时危及电站设备和人身安全，还需要设置事故排水和防冲工程设施，遇到与水渠、道路、输电线、通信线路等交叉情况时，要设置必要的交叉建筑物和防护设施，通常情况下要沿管线设置交通道路并应有照明设施（应根据工程具体情况在交通道路沿线设置休息平台、扶手栏杆、越过钢管的爬梯或管底通道等）。对地下埋管，其线路也应选择在地质和地形条件优越的地区，岩石应尽量坚固、完整并要有足够的上覆岩石厚度以利用围岩承担内水压力，埋管轴线要尽量与岩层构造面垂直并避开活动断层、滑坡、地下水压力和涌水量很大的地带（以避免钢衬在外水压力作用下失稳），同时还应注意施工方面的便利性，其进水口应选择在相对优良的地段，若选用多根管道其相邻管道间的岩体要满足施工期和运行期的稳定及强度要求。

（四）水电站压力管道直径的选择要求

水电站压力管道直径的确定是压力管道设计的主要内容之一。管道直径越小，管道的用材和造价越低（但管道中的流速也就越高，水头损失和发电量损失也越大）。因此，管道直径的确定不仅是一个技术问题还是一个经济问题，故应通过技术经济比较后确定。目前，国内外计算压力钢管经济直径的理论公式和经验公式很多，但其基本原理和基本方法却大同小异。实际设计中，由于有些因素（比如施工工艺、技术水平等）无法在计算公式中考虑，因此，按照公式计算的结果通常只能作为一般参考。通常的做法是根据已有工程经验和计算公式确定几种直径后再分别进行造价和电量计算，然后再考虑技术方面的因素，最后选择确定其最优直径。在水电站可行性研究和初步设计阶段也可以采用经验公式法或经济流速方法确定压力钢管的直径。

第一，经验公式法。经验公式法的经验公式为

$$D = (5.2Q_{max}^3/H)^{1/7}$$

式中，Q_{max} 为压力管道设计流量，m^3/s；H 为设计水头包括水击压力，m。

第二，经济流速法。压力管道的经济流速一般为 $4 \sim 6m/s$（最大不超过 $7m/s$），选定经济流速 V_e 后就可根据水管引用流量 Q 用以下公式确定管道直径，即

$$D = 1.13(Q/V_e)^{1/2}$$

式中，各符号的含义及单位同前。

第二节　水电站明敷钢管的设计

一、水电站明敷钢管的敷设方式及附件

（一）水电站明敷钢管的敷设及支承方式

由于水电站明敷钢管一般长度都很长，所以常须分段敷设，即在直线段每隔 $120 \sim 150m$ 或在钢管轴线转弯处（包括平面转弯和立面转弯）设置镇墩以固定钢管（以防止钢管发生位移）。在两镇墩间应设置伸缩节（其作用是当温度发生变化时管身可以自由伸缩从而减小温度应力）。伸缩节一般应放在镇墩的下游侧。镇墩之间的管段应用一系列等间距的支墩支承，支墩的间距应通过钢管应力分析确定（并应考虑钢管的安装条件、地基条件和支墩形式，且应经技术经济比较后确定）。靠近伸缩节的一跨其支墩间距可缩短一些。管身距地应不小于 $60cm$（便于维护和检修）。采用这种敷设方式的水管受力明确（在自重和水重作用下水管相当于一个多跨连续梁，镇墩将水管完全固定，相当于梁的固定端）。

1. 镇墩

镇墩的作用是靠本身的质量固定钢管并承受因水管改变方向而产生的轴向不平衡力以防止水管产生位移。镇墩通常由混凝土浇制制成，混凝土强度等级一般应不低于 C15，寒冷地区的墩底基面应深埋在冻土线以下，常见镇墩有封闭式和开敞式两种形式。

（1）封闭式

封闭式镇墩其钢管被埋在封闭的混凝土体中，镇墩表层须布置温度筋，钢管周围应设置环向筋和一定数量锚筋。这种布置方式结构简单、节约钢材、固定效果好，故应用较广泛。

（2）开敞式

开敞式镇墩利用锚栓将钢管固定在混凝土基础上，镇墩处管壁受力不均匀、锚环施工复杂，其优点是便于检查、维修。目前这种镇墩在我国已很少采用。

2. 支墩

支墩的作用是承受水重和管重的法向分力（相当于连续梁的滚动支承），支墩允许水管在温度变化时轴向自由移动，目前按支墩上的支座与管身相对位移特征的不同，有以下三种形式：

（1）滑动式支墩

钢管发生轴向伸缩时会沿支座顶面滑动。滑动式支墩又可分为无支承环鞍形支墩、有支承环鞍形支墩和有支承环滑动支墩三种。无支承环鞍形支墩是将钢管直接支承在一个鞍形混凝土支座上，其包角 β 在 $90° \sim 120°$ 之间。为减少管壁与支座间的摩擦力，可在支座上铺设钢板并在接触面上加润滑剂，这种支墩结构简单但管身受力不均匀、摩擦力大，这种支墩结构适用于管径 1m 以下的钢管。有支承环滑动支墩其支承环放在金属的支承板上，其比前两种支墩的摩擦力更小，适用于管径 1~3m 的钢管。

（2）滚动式支墩

滚动式支墩在支承环与墩座之间加了圆柱形辊轴，钢管发生轴向伸缩时辊轴滚动（摩擦系数约为 0.1），适用于竖向荷载较小而管径大于 2m 的钢管。

（3）摆动式支墩

摆动式支墩在支承环与支承面之间设置了一个摆动短柱（短柱下端与支承板铰接，上端以圆弧面与支承环的承板接触），当钢管沿轴向伸缩时短柱以铰为中心前后摆动（其摩擦力很小，故能承受较大的竖向荷载），摆动式支墩适用于管径大于 2m 的钢管。

（二）水电站明敷钢管上的闸门和附件形式

1. 水电站明敷钢管上的闸门及阀门选择

在水电站压力水管的进口处一般都设置有平板闸门（以便在压力管道发生事故或检修时用以切断水流），平板闸门价格便宜、构造简单、便于制造，故常被用来代替阀门。对上游有压力前池或调压室的明管，为在发生事故时能紧急关闭和检修放空水管的需要，通常在钢管进口处一般也要设置闸门（闸门应装在压力前池或调压室内）。阀门一般应设置在紧靠压力管道的末端（水轮机蜗壳进口处的钢管上）。在分组供水和联合供水时为避免一台机组检修而影响其他机组的正常运行（或在调速器、导水叶发生故障时紧急切断水流）防止机组产生飞逸，应在每台机组前设置阀门（通常称为下阀门）。坝内埋管长度较小时只须在进口处设置闸门而不必设下阀门。有时虽是单独供水但水头较高、容量较大时也要设下阀门。水电站压力水管阀门的常见类型有平板阀、蝴蝶阀、球阀三种。

（1）平板阀

平板阀由框架和板面构成，阀体在门槽中的滑动方式与一般的平板闸门相似。平板阀一般借助电动或液压操作。这种阀门止水严密、运行可靠但需要很大的启闭力且动作缓慢，易产生汽蚀，常用于直径较小的水管。

（2）蝴蝶阀

蝴蝶阀通常由阀壳和阀体组成。阀壳为一短圆筒，阀体形似圆盘（在阀壳内绕水平或垂直轴旋转），阀门关闭时阀体平面与水流方向垂直，开启时阀体平面与水流方向一致。蝴蝶阀的操作有电动和液压两种（前者用于小型水电站，后者用于大型水电站）。这种阀门启闭力小、操作方便迅速、体积小、重量轻、造价较低，但在开启状态时由于阀门板对水流的扰动会造成附加水头损失以及阀门内出现汽蚀现象。另外，在关闭状态时其止水不严密，不能部分开启。蝴蝶阀适用于大直径、水头不高的情况。目前，蝴蝶阀应用最广（最大直径可达 8m 以上，最大水头可达 200m），蝴蝶阀可在动水中关闭但必须用旁通管平压后在静水中开启。

（3）球阀

球阀通常由球形外壳、可旋转的圆筒形阀体及其他附件组成。当阀体圆筒的轴线与水管轴线一致时阀门处于开启状态，若将阀体旋转 90°而使圆筒一侧的球面封板挡住水流通路则阀门处于关闭状态。球阀的优点是在开启状态时实际上没有水头损失，止水严密，结构上能承受高压。球阀的缺点是尺寸大、重量重、造价高。球阀适于作高水头电站的水轮机前阀门。球阀是在动水中关闭的，但须用旁通阀平压后在静水中开启。

2. 水电站明敷钢管的主要附件

(1) 伸缩节

露天式压力钢管受到温度变化或水温变化影响时，为使管身能沿轴线自由伸缩以消除温度应力且适应少量不均匀沉陷的环境，常在上镇墩的下游侧设置伸缩节。对伸缩节的基本要求是能随温度变化自由伸缩，能适应镇墩和支墩的基础变形而产生的线变位和角变位并应留有足够余度。伸缩节的形式较多，较常见的有套筒式伸缩节、压盖式限拉伸缩节、波纹管伸缩节、波纹密封套筒式伸缩节等。设在阀门处的伸缩节应便于阀门的拆卸并允许其产生微小的角位移。

(2) 通气阀

通气阀常布置在阀门之后，当阀门紧急关闭时水管中的负压使通气阀打开向管内充气以消除管中负压，水管充水时管中空气从通气阀中排出然后再关闭阀门。

(3) 进人孔

为方便检修工作通常应在钢管镇墩的上游侧设置进人孔，进人孔间距一般为150m（不宜超过300m），进人孔为圆形或椭圆形，其直径（或短轴）一般应不小于45cm。为保证正常运行期间不漏水，进人孔盖与外接套管之间要设止水盘根。

(4) 旁通阀

旁通阀通常设在水轮机进水阀门处（与闸门处的旁通管作用相同），作用是使阀门前后平压后开启以减小启闭力。

(5) 排水设施

在压力水管的最低点通常应设置排水管，其作用是在检修水管时用于排出管中的积水和渗漏水。另外，对严寒地区的明敷钢管还应有防止钢管本身及其附件结冰的保温措施。

二、明敷钢管的抗外压稳定设计

钢管是一种薄壁结构，可以承受较高的内压，但承受外压力的能力较差。水电站机组运行过程中，由于负荷变化会产生负水击从而使管道内产生负压（或者管道放空时通气孔失灵而在管道内产生真空），当管道内部产生真空或负压时管壁就可能在外部大气压力作用下丧失稳定（管壁会被压瘪），因此必须根据钢管处于真空中状态时不至于产生不稳定变形的条件来校核水电站明敷钢管管壁的厚度（或采取其他工程措施）。

水电站明敷钢管的外压稳定必须满足两个要求（在外压力作用下钢管本身不失稳以及抗外压承载能力应满足要求），钢管承受均布外压荷载（外水压力、灌浆压力等）时其抗外压稳定性的验算公式为：

$$K_c p_{ok} \leq p_{cr}$$

式中，K_c 为抗外压稳定安全系数（对明敷钢管一般应取 2.0）；p_{ok} 为径向均布外压力标准值；p_{cr} 为抗外压稳定临界压力计算值。

（一）光滑管段的临界外压力

光滑管段临界外压力计算时可取单位长度的管段进行分析，其在径向均布外压力作用下产生变形，当外压力 p 增加到临界压力 p_{cr} 时钢管管壁就会丧失稳定，在 p_{cr} 作用下管壁维持一定的变形状态，经过推导可得出临界压力 p_{cr} 即：

$$p_{cr} = \frac{2E}{(1 - \mu^2)} \times \left(\frac{\delta}{D}\right)^3$$

式中，D 为钢管直径；E 为钢的弹性模量；μ 为钢的泊松比；δ 为钢管厚度。各个符号的单位同前。

（二）加劲钢管的外压稳定设计

当管径较大时按上式求出的管壁厚度会太大（可能无法加工），因此可采用在管壁上增加加劲环的方式作为提高管壁刚度的措施（这样，不但可以增加其抗外压稳定性，也可降低生产难度并降低造价，因而比增加管壁厚度更经济）。

1. 加劲环之间的管壁临界外压力计算

加劲环的刚度应足够大以确保在设计外压下不失稳。管壁由于受到加劲环的约束，其变形与光滑管不相同，其变形的特点是发生多波屈曲。发生多波屈曲所需的外压力比发生双波屈曲的外压力要大（但这与加劲环的间距有关），当加劲环间距较小时其间的光滑部分会与加劲环一同变形（管壁的临界压力即加劲环的临界压力），当加劲环的间距较大时（假设加劲环的刚度足够大且不会失稳），则两个加劲环的中间光滑部分的临界外压力为：

$$p_{cr} = \frac{E\delta}{r(n^2 - 1)\left(1 + \frac{n^2 l^2}{\pi^2 r^2}\right)^2} + \frac{E\delta^3}{12r^3(1 - \mu^2)} \times \left(n^2 - 1 + \frac{2n^2 - 1 - \mu}{1 + \frac{n^2 l^2}{\pi^2 r^2}}\right)$$

$$n = 2.74 \left(\frac{r}{l}\right)^{1/2} \left(\frac{r^{1/4}}{\delta}\right)$$

式中，n 为相应于最小临界压力的屈曲波数；l 为加劲环间距。屈曲波数 n 应为整数（但求出的 n 不一定是整数，故须对其取整。因此，按上述公式计算时应首先求出屈曲波数 n 并取整，然后用 n、$n-1$、$n+1$ 三个数分别带入上面的公式中求出的最小值就是临界荷载）。

2. 加劲环断面的临界外压力计算

加劲环两侧附近的管壁与加劲环一起变形（这一部分的长度为 $l' = 0.78\sqrt{r\delta}$）。加劲环断面的外压稳定计算可按照光滑管的公式进行（但是等式右边应该除以加劲环的间距 l，其他参数则应用加劲环有效断面计算），即：

$$P_{cr} = \frac{3EJ}{R_k^3 l}$$

式中，J 为计算断面对自身中和轴的惯性矩；R_k 为加劲环有效断面中心半径。

（三）水电站明敷钢管的设计步骤

水电站明敷钢管的设计步骤主要有以下四步，即首先根据锅炉公式，$\sigma_\theta = pD/2\delta = \gamma HD/2\delta$ 和 $\delta = \frac{pD}{2\varphi[\sigma]} = \frac{\gamma HD}{2\varphi[\sigma]}$，并考虑锈蚀厚度初步拟定管壁厚度（但在应力和稳定计算中不计锈蚀厚度）；再由管壁厚度用光滑管外压稳定计算公式进行外压稳定校核。如果不稳定可设置加劲环（也可用支承环代替）并选定其间距；然后再根据加劲环抗外压稳定和横断面压应力小于钢管构件抗力限值的要求确定加劲环的尺寸；最后进行强度校核（如果不满足要求则应增加管壁厚度或缩小加劲环间距。然后重复上面的四个步骤直到满足要求为止）。

第三节　分岔管设计与水电站地下埋管设计

一、分岔管设计

采用联合供水或分组供水时（一根管道需要供应两台或更多机组用水时），需要设置分岔管，这种岔管通常位于厂房上游侧（其作用是分配水流）。有时，一条压力引水道需要分成两根以上的压力管道也须分岔管（分岔管通常位于调压井底部或调压井下游）。几台机组的尾水管往往在下游合成一条压力尾水洞，汇合处也须分岔管（不过水流方向相反）。上、下游压力引水道上的分岔管往往尺寸较大，但内压较低。目前，我国已经建成的水电站岔管大多数属于地下岔管且大多按明管设计（不考虑周围岩体的分担荷载）。

（一）分岔管设计的基本要求

一般来说，岔管的水流条件较差，引起的水头损失也较大。另外，岔管由薄壳和刚度较大的加强构件组成,其管壁厚、构件尺寸大(有时须锻造)、焊接工艺要求高、造价也较高。由于岔管受力条件差且所承受的静、动水压力最大并靠近厂房,因此其安全性十分重要。从设计和施工角度来讲,岔管应满足以下五条基本要求:①运行安全可靠;②水流平顺、水头损失小并应避免涡流和振动,试验研究表明当水流通过岔管各断面的平均流速接近相等或水流缓慢加速(分岔前断面积大于分岔后面积之和)时可避免涡流并减少水头损失,分岔管宜采用锥管过渡(半锥角一般取 $5°\sim10°$)并宜采用较小的分岔角 β(常用范围为 $45°\sim60°$)且岔裆角 γ 和顺流转角 θ 也宜采用较小值(但上述各项要求有时是互相矛盾的,比如增加 α_2 可减小 θ 但又会使 γ 加大,因此,需要全面考虑后合理选择);③结构合理简单、受力条件好并不产生过大的应力集中和变形;④制作、运输、安装方便;⑤经济合理。以上水力学条件和结构、工艺的要求也常常互相矛盾(比如分岔角越小对水流越有利,但此时主支管相互切割的破口也越大,故对结构不利而且会增加岔裆处的焊接难度)。低水头电站应更多地考虑减少水头损失问题,高水头电站有时为使结构合理简单,可以容许水头损失稍大一些。

(二)岔管的布置形式

岔管的典型布置有以下三种形式:第一,非对称 Y 形布置,如果要从主管中分出一支较小的岔管(或者两条支管的轴线因故不能做对称布置)时可以采用不对称的卜形布置;第二,对称 Y 形布置,用于主管分成两个相同的支管(比如一管两机等);第三,三岔形布置,用于主管直接分成三个相同的支管。若机组台数较多还可采用对称 Y 形——非对称 Y 形或对称 Y 形——三岔形组合布置。目前,我国已建钢岔管的布置形式中卜形布置居多,其原因除了卜形布置灵活简便外,还由于以往建造的钢岔管规模较小,采用贴边岔管较多的实际情况比较适合于卜形布置。岔管的主、支管中心线宜布置在同一平面内以使结构简单。主、支管管壁的交线称为相贯线,由于在相贯线处主支管互相切割,故常需要沿相贯线用构件加强,为便于加强构件的制造和焊接通常多希望相贯线是平面曲线。

(三)岔管的结构形式

目前,岔管的主要结构形式有三梁岔管、内加强月牙肋岔管、贴边式岔管、球形岔管、无梁岔管等。我国 20 世纪 50 年代建造的岔管,由于其尺寸及内压均不大故多为贴边式。60 年代由于国内高水头电站的出现使梁式岔管应用增多。后来,随着钢管规模的增大,大直径、高内压的三梁岔管制作安装困难越来越大且技术经济指标逐渐下降,故开始采用月牙肋岔管(少数工程还采用了球形岔管和无梁岔管)。

1. 三梁岔管

在压力钢管的分岔处由于管壳相互切割已不再是一个完整的圆形，在内水压力作用下管壁所承担的环向拉应力无法平衡，这样在主管与支管及支管间的相贯线上作用着主、支管壳体传来的环向拉力和轴力等复杂外力，因此，需要增加管壁厚度并用两根腰梁和一根 U 形梁进行加固（以使之有足够的强度和刚度）。以正 Y 形对称分岔为例，其主管一般为圆柱管、支管为锥管，沿两支管的相贯线用 U 形梁加强，沿主管和支管的相贯线则用腰梁加强，U 形梁承受较大的不平衡水压力（是梁系中的主要构件），将 U 形梁和腰梁端部联结点做成刚性联结从而形成一个薄壳和空间梁系的组合结构（其受力非常复杂）。我国已建的数十个三梁岔管的结构试验证明，在管壁上实测的应力集中系数（实测应力与主管理论膜应力之比）为 1.3~2.6。其中五个岔管 U 形梁插入管壁内 20~100cm 深，其应力集中系数为 1.3~1.9，另两个岔管 U 形梁未插入管壁内其应力集中系数增加为 2.4~2.6。因此，当没有计算分析和试验资料时，考虑到 U 形梁插入管壁内，则局部应力集中系数可取 1.5~2.0。常用的加固梁断面为矩形或 T 形，在材料允许时应避免采用瘦高型截面（以矮胖形截面为好）。U 形梁断面尺寸庞大，为改善其应力状态和布置情况、降低岔管壁的应力集中系数，U 形梁应适当插入管壳内（插入深度在腰梁连接端为零，中部断面处最大），梁内侧应修圆角并应设导流墙。三梁岔管的主要缺点是梁系中的应力以弯曲应力为主，材料的强度未得到充分利用，三个曲梁（特别是 U 形梁）常常需要高大的截面（不但浪费了材料，还加大了岔管的轮廓尺寸且可能还需要锻造，另外焊接后还需要进行热处理）。由于梁的刚度较大故对管壳有较强的约束（从而使梁附近的管壳产生较大的局部应力），同时，在内压作用下由于相贯线垂直变位较小故用于埋管则不能充分利用围岩抗力。因此，三梁岔管虽有长期的设计、制造和运行的经验，但由于存在上述缺点，故不能认为是一种很理想的岔管。三梁岔管适用于内压较高、直径不大的明管道。

2. 内加强月牙肋岔管

内加强月牙肋岔管是国内外近年来在三梁岔管的基础上发展起来的新式岔管，目前在我国已基本取代了三梁岔管。如上所述，三梁岔管的 U 形梁插入管壳内能改善 U 形梁和管壳的应力状态，一般来说，插入越深往往使应力越均匀。月牙肋岔管是用一个嵌入管体内的月牙形肋板来代替三梁岔管 U 形梁并取消了腰梁。月牙肋岔管的主管为倒锥管，两个支管为顺锥管，三者有一公切球使相贯线成为平面曲线。内加强月牙肋岔管有下述三个方面特点：月牙肋板只承受轴心拉应力而无弯曲应力，拉应力的分布比较均匀，其数值与邻近管壳上的拉应力相近；改善了水流条件使水头损失比一般岔管低许多（特别是对称流态情况可减少一半）；由于取消了外加固 U 形梁和腰梁，从而使岔管外形尺寸大为减小，埋管可减少开挖工程量（由于外形规整，内水压力也易于通过管壳传给混凝土衬砌和围岩，从而使围岩的弹性抗力得到更好的发挥）。

3. 贴边式岔管

贴边式岔管是在卜形布置的主、支管相贯线两侧用补强板加固形成的。补强板与管壁焊固形成一个整体（补强板可以焊固于管道外壁或内壁，或内外壁均有补强板）。与加固梁相比，补强板刚度较小，不平衡区的水压力由补强板和管壁共同承担。在内水压力作用下由于补强板刚度较小故有可能发生较大的向外的位移，因此常用于埋藏式岔管（其能把大部分不平衡水压力传给围岩）。贴边式岔管常用于中、低水头 Y 形布置的地下埋管，尤其是支、主管直径之比（d/D）在 0.5 以下的情况，如果 d/D 大于 0.7 则不宜采用贴边式岔管。加强板的宽度应不小于（0.12~0.18）D，其中 D 为主支管轴线相交处的主管直径。当采用内外补强板时宜取内、外层板宽度不等的形式。

4. 球形岔管

球形岔管是通过球面体进行分岔的，它是由球壳，圆柱形主、支管以及补强环和导流板等组成的。在内水压力作用下，球壳应力仅为同直径管壳环向应力的一半，因此，这种岔管适用于高水头大、中型电站。球形岔管是国外采用比较多的一种成熟管型。球形岔管球壳所承受的荷载主要为内水压力、补强环的约束力和主、支管的轴向力，主、支管的轴向力对球壳应力有很大影响（在结构上应认真对待），垂直方向的支管应加以锚定（若为具有伸缩节的自由端，则管壁不能传递轴向力，作用于球壳上的轴向水压力将无法平衡），球壳厚度可按内水压力作用下球壳的膜应力来确定并应考虑热加工及锈蚀等余量，补强环与球壳铆接而与主、支管用焊接连接。从理论上讲，球壳在内压力作用下不产生弯矩，但是，在球壳与主、支管连接处由于结构的不连续性仍需用三个补强环进行加固。补强环上的作用荷载有球壳作用力、管壳作用力和补强环直接承受的内水压力，应力求使上述三种力通过补强环断面的形心（以使补强环为一轴心受拉圆环而确保不使断面产生扭转）。球形岔管突然扩大的球体对水流不利，故为改善水流条件常在球壳内设导流板，导流板上设平压孔（因此不承受内水压力而仅起导流作用）。

5. 无梁岔管

无梁岔管是在球形岔管的基础上发展起来的。球形岔管利用球壳改善了结构的受力条件，球壳与主支管圆柱壳衔接处存在结构的不连续性故要加设三个补强环，补强环需要锻造且在与管壳焊接时要预热（球壳一般也要通过加热压制成形，有的球岔在制成后还须进行整体退火，因此工艺复杂）。另外，补强环与管壳刚度不协调的矛盾仍未解决。鉴于以上叙述，为了改善受力条件可以用直径较大的锥管和球壳沿切线方向衔接，从而使球壳只剩下上、下两个面积不大的三角形，然后在主、支管和这些锥管之间插入几节逐渐扩大的过渡段构成一比较平顺的、无太大不连续接合线的体形，从而形成无梁岔管。无梁岔管是一种有发展前途的管形，能发挥与围岩共同受力的优点。

除了上述五种岔管外，还有隔壁岔管。隔壁岔管由扩散段、隔壁段、变形段组成，各级皆为完整的封闭壳体，除隔壁外无其他加强构件，其受力条件很好，水流流态较优且不需要大的锻件。

二、水电站地下埋管设计

水电站地下埋管是指埋藏在地下岩层之中的管道，其施工过程是先在岩石中开挖隧洞并清理石渣、进行支护，然后再安装钢管，接着在钢管和岩石洞壁之间回填混凝土，最后再进行接触灌浆。地下埋管在大型水电站中应用较多，根据其轴线方向的不同有斜井和竖井两大类，也常被称为隧洞式压力管道或地下压力管道。

（一）水电站地下埋管的布置要求及工作特点

地下埋管是我国大、中型水电站建设中应用最广泛的一种引水管道形式，与明敷钢管相比，地下埋管有一些突出的优点，这些优点主要表现在以下三个方面：①布置灵活方便。地下埋管由于位于山体内部管线，位置选择较自由，与地面管线相比一般可显著缩短长度。对水电站管道而言，大多数情况下地下地质条件要优于地表并容易选出地质条件好的线路。在不宜修建明敷钢管的地方一般均可以布置地下埋管。通常情况下，地下厂房一般都全部或部分地采用地下埋管形式。另外，由于岩石力学和地下工程设计及施工技术水平的快速提高，修建压力竖井和斜井的技术业已成熟，在有些国家地下埋管的施工条件和费用已开始优于地面管道。②钢管与围岩共同承担内水压力从而可减小钢衬厚度。围岩分担内水压力的比例取决于岩石的性质。岩石坚硬、较完整时围岩可承担较大的内水压力（甚至可承担全部内水压力），钢板只起防渗作用。特大容量、高水头管道其 HD 值很大，采用明管技术难以实现，地下埋管就可以使问题迎刃而解。当埋管上覆岩石较薄（$<3D$）、岩石质量不好时，设计中往往会不考虑岩石的承载能力而仅提高钢衬的允许应力。③运行安全。地下埋管的运行不受外界条件影响、维护简单、围岩的极限承载能力一般很高。另外，钢材又有良好的塑性，故管道的超载能力很大。当然，地下埋管也有一些缺点（比如构造比较复杂、施工安装工序多、工艺要求较高、施工条件较差、会增加造价等）。另外，由于地下埋管所承受的外压力较大，故其外压稳定问题比较突出。由于围岩承担了一部分荷载，故地下埋管管壁较薄从而节省了钢材，但放空检修、施工期的灌浆压力以及水库蓄水后地下水（外水压力）等很容易造成地下埋管的外压失稳破坏。

地下埋管一般多采用联合供水方式（但若管道较短、引用流量较大、机组台数较多、分期施工间隔较长或工程地质条件不易开挖，对大断面洞井经技术经济比较后也可采用两根或更多的管道，用分组供水或单元供水方式向机组输水。相邻两管道之间应有足够的间距以保证其岩体的强度并防止出现失稳情况）。为保证地下埋管施工运行安全，地下管道应布置在坚固完整、地下水位低的岩层中，对拟定管线区域的地质构造（岩石走向、节理、裂隙）应进行认真研究以防塌方和岩石脱落，地下施工要考虑出碴和浇筑混凝土的工作环境要求，管道与水平面夹角不宜小于40°。为保证上覆岩层的稳定应留有足够的岩石厚度。洞井的布置方式通常有竖井、斜井和平洞三种，具体实施时应根据工程布置、施工条件、施工机械和施工方法选用。

地下埋管是钢衬、回填混凝土、岩体共同受力的组合结构，其施工程序包括洞井开挖、钢衬安装、混凝土回填和灌浆四个工序。

第一，洞井开挖。洞井开挖应尽量采用光面、预裂爆破或掘进机开挖方式以保持其圆形孔口并使洞壁尽量平整且减少爆破松动影响。另外，还要合理选择施工支洞的高程和位置以方便出渣、运输钢衬以及混凝土浇筑（并应考虑将其作为永久排水洞和观测洞）。钢管管壁与围岩间的净空间尺寸应根据施工方法和结构布置（比如开挖、回填、焊接等施工方法以及有无锚固加劲环等）确定，需要在管壁外侧进行焊接的其预留空间为两侧和顶部至少0.5m、底部至少0.6m、加劲环距岩壁至少0.3m。应尽量减少现场管外焊接工作并减小加劲环高度以减少岩石开挖和混凝土回填方量。

第二，钢衬安装。钢衬一般为在工厂制成的一定长度管节，施工中将其运输到洞内用预埋锚件固定，在校正圆度、压缝整平后即可进行焊接。

第三，混凝土回填。钢衬与围岩间回填的混凝土仅起传递径向内压力的作用（而不必承受环向拉力）故其强度等级不必太高（但也不宜低于C15）。混凝土回填的重要关注点是应采用合适的原材料和级配，合理的输送、浇筑和振捣工艺以保证回填混凝土的密实、均匀以及围岩与钢衬的紧密贴合。平管的底部以及止水环和加劲环附近应加强振捣（严禁出现疏松区和空洞区）。混凝土回填的缺陷对钢衬外压稳定非常不利，采用预埋骨料压浆混凝土和微膨胀水泥等常会取得较好效果。

第四，灌浆。地下埋管灌浆分为回填灌浆、接缝灌浆和固结灌浆三类。我国钢管设计规范规定对平洞、斜井应做顶拱回填灌浆（灌浆压力应不小于0.2MPa但也不得大于钢管抗外压临界压力）；钢管与混凝土衬圈之间如果存在超过设计允许的缝隙时，应进行接缝灌浆（接缝灌浆宜在气温最低的季节施工以减少缝隙值，其灌浆压力不宜大于0.2MPa并应保证钢管在灌浆过程中的变形不超过设计允许值）；基岩固结灌浆可视围岩情况、内水压力、设计假定、开挖爆破方式等情况确定（其灌浆压力不宜小于0.5MPa）。灌浆过程中应严密监视及防范钢管失稳等事故（必要时可采取临时支护措施），灌浆后的全部灌浆孔必须严密封闭以防运行时内水外渗造成事故。

（二）地下埋管承受内压时的强度计算方法

从结构上看，地下埋管相当于一个圆筒形多层组合结构，目前其结构计算通常基于以下三个假定，即结构中的各层材料（钢材、混凝土、岩石等）均处于弹性状态且为各向同性体；钢衬安装后回填混凝土前围岩变形已经充分（故混凝土层和钢衬中不存在初始应力）；在钢衬与混凝土以及混凝土和围岩间存在微小的初始缝隙。地下埋管的结构分析方法根据缝隙条件和覆盖围岩厚度的不同，分为钢管与围岩共同承受荷载和由钢管单独承受荷载两类情况。地下埋管单独承担荷载情况的计算与明敷钢管相同。地下埋管共同承担荷载时，地下埋管在内压作用下会发生变形。

地下埋管共同承担荷载时，埋管承受内压后其钢衬会发生径向位移，待缝隙消失后会继续向混凝土衬圈传递内压使混凝土内发生环向拉应力从而在衬圈内产生径向裂缝，然后，内压通过混凝土楔块继续向围岩传递使围岩产生向外的径向位移并形成围岩抗力从而使埋管在内压下得到平衡。如果缝隙是均匀的，岩石又是各向同性的，则地下埋管可认为是对称的组合圆筒结构，在均匀内压下的位移和应力可按平面应变下的相容条件得出其解析解。地下埋管承受内压时的计算包括两个方面（其一是在已知钢管厚度情况下求钢衬应力 σ_θ，其二是在已知钢衬允许应力的情况下求解钢衬厚度）。在内水压力 p 作用下，设已经开裂的混凝土衬圈与围岩间的径向接触应力为 q，则根据衬圈楔块的力的平衡条件可求得钢衬与衬圈间的接触应力，即：

$$p_c = \frac{qr_3}{r_2}q$$

钢衬在内压 p 和外压 p_c 作用下的环向拉应力为：

$$\sigma_\theta = (p - p_c)\, r_1 / \delta$$

钢衬的径向位移（离心方向）为：

$$\Delta_{st} = \frac{\sigma_\theta r_1}{E'} = \frac{(p - p_c)\, r_1^2}{E'\delta}$$

式中，$E' = E / (1-\mu^2)$。其中，E 为钢衬的弹性模量；μ 为钢衬的泊松比。

混凝土衬圈的楔块仅在径向受到 p_c 及 q 的作用，在混凝土浇筑质量得到保证情况下，其径向压缩位移量通常是很小的（可以忽略不计），故围岩在内压 q 作用下的径向位移为

$$\Delta_r = q/K$$

式中，K 为围岩的抗力系数。所谓围岩的抗力系数，是指围岩中给定半径的圆形孔口

在均匀内压作用下孔周发生 1cm 径向位移值时所需的均匀内压值，其单位为 MPa/cm。工程上常使用单位抗力系数 K_0 代表围岩的抗力系数（是指半径为 100cm 孔口受均匀内压时孔周发生 1cm 的径向位移值时的均匀内压值），若围岩是线弹性体则 $K = 100K_0/r_3$，于是，有：

$$\Delta_r = qr_3/100K_0$$

根据钢衬、混凝土衬圈和围岩径向位移必须相容的条件要求，有：

$$\Delta_{st} = \Delta + \Delta_r$$

将上述各式代入上式化简，考虑到 $r_2 \approx r_1$，因此，有：

$$p_c = \left(\frac{pr_1^2}{E'\delta} - \Delta\right) \Big/ r_1\left(\frac{r_1}{E'\delta} + \frac{1}{100K_0}\right)$$

$$q = \left(\frac{pr_1^2}{E'\delta} - \Delta\right) \Big/ r_3\left(\frac{r_1}{E'\delta} + \frac{1}{100K_0}\right)$$

故可得出钢衬应力的计算公式（或在给定钢管构件抗力限值的情况下求管壁厚度的计算公式），即：

$$\sigma_\theta = \frac{pr_1 + 100K_0\Delta}{\delta + 100K_0r_1/E'}$$

$$\delta = \frac{pr_1}{\sigma_R} + 100K_0\left(\frac{\Delta}{\sigma_R} - \frac{r_1}{E'}\right)$$

（三）影响钢衬应力的因素

对钢衬应力影响比较大的是岩体的特性和初始缝隙，故设计过程中必须对这两个因素进行认真的分析。

1. 围岩单位抗力系数 K_0 的影响分析

设有一地下埋管，其 $r_1 = 200$cm、$\delta = 1.2$cm、$p = 2$MPa，则当 $\Delta = 0$ 时 K_0 分别等于零（围岩无抗力）及 40MPa/cm^2（其对应的钢衬应力则由 333MPa 降为 85.5MPa），因此，K_0 值对钢衬的应力分析非常关键。但工程设计中要准确选定 K_0 值非常困难，因为岩体中常存在比较软弱的节理和裂隙，所以岩体本身并不是线弹性各向同性体。另外，在实验室中也无法准确确定岩体的参数，故岩体参数只有靠大规模现场试验或工程经验确定。实际工作中可以知道，现场试验成本高，隧洞线路较长，各部分的参数也不尽相同（另外，试验探洞的部位及荷载大小等都对结果有影响），故选用计算参数时要非常谨慎。在确定了岩体的弹性模量 E_r 和泊松比 μ_r 后就可以由计算单位抗力系数 K_0 了，即：

$$K_0 = E_r/100(1 + \mu_r)$$

2. 初始缝隙值对钢衬应力的影响分析

同样设地下埋管的其 $r_1 = 200\text{cm}$、$\delta = 1.2\text{cm}$、$p = 2\text{MPa}$，若 $K_0 = 40\text{MPa/cm}^2$，则 Δ 会由零变为 1mm（对应的钢衬应力也会由 85.5MPa 增加到 171MPa），可见，初始缝隙值 Δ 的变化很大，影响其大小的因素很多且相当复杂，不易准确确定。初始缝隙主要由以下三种缝隙组成：

（1）施工缝隙 Δ_0

回填的混凝土在凝固过程中释放出的水化热会使钢衬膨胀，混凝土凝固以后温度恢复正常则混凝土和钢衬均又会发生收缩，从而在钢衬和混凝土以及混凝土与岩石之间形成缝隙。施工缝隙的大小与混凝土的收缩和施工质量有很大关系（且在各工程和钢管的不同部位也都不相同），平洞和坡度较小的斜井在浇筑混凝土时其钢管两侧易于平仓振捣，故回填混凝土的质量较易保证（但其顶、底拱部位易形成较大空隙，故施工缝隙会沿管周呈不均匀分布），故减小施工缝隙的有效措施是提高混凝土垫层的浇筑质量以及进行回填与接缝灌浆（一般情况下，若管外混凝土填筑质量很好并进行了认真的接缝灌浆其 Δ_0 可取 0.2mm）。

（2）岩石的塑性蠕变缝隙 Δ_{rc}

由于岩石不是完全弹性体，在长期反复荷载作用下会有部分变形在卸荷后不能复原而形成残余变形（该残余变形在一定时间内会逐渐增大，其原因是岩体的节理和裂隙在加荷后闭合而卸荷后不能完全复原，这种残余变形称为塑性蠕变缝隙）。塑性蠕变缝隙的大小与岩体的破碎程度有关（完整岩体的残余变形很小），对于较破碎的岩体进行固结灌浆以封堵节理和裂隙能有效减小岩体的残余变形。

（3）温度收缩缝隙

钢管通水后因水温较低故钢管和围岩会冷却收缩从而与混凝土垫层间形成缝隙。在埋管水压试验稳压阶段的一定时间内钢衬应力会随时间逐渐增大就是由于钢衬和围岩因热交换逐渐冷却而导致的结果，钢衬的径向温降收缩计算公式为

$$\Delta_{st} = \alpha_S (1 + \mu_s) \Delta t_S r$$

式中，α_S 和 μ_s 分别为钢材的线胀系数和泊松比；Δt_S 为钢衬充水前后的温差。

若施工季节选择不当 Δt_S，可以达到相当数值。围岩破碎区和开裂的混凝土衬圈温降后缝隙值会增加，其径向变位为

$$\Delta_{rt} = \alpha_r \Delta t_r r_1 \Delta' r$$

实际计算中，总缝隙值取上述三种缝隙之和，即 $\Delta = \Delta_0 + \Delta_{st} + \Delta_{rc}$。但在实际计算中，由于岩性比较复杂，围岩和混凝土衬圈收缩引起的缝隙值通常难以精确确定且数值不大，故一般可以忽略不计。

（四）地下埋管的抗外压稳定分析

地下埋管的钢衬也存在外压作用下的失稳问题，国内、外地下埋管发生的事故中钢衬破坏大多是由于外压失稳造成的（这是因为地下埋管是一种薄壳结构，其承受内压的潜在能力相当高而其抵抗外压的能力却较低。工程运行中，管道放空时其所受外压力值可能远高于大气压力）。地下埋管钢衬所承受的外压力主要有以下三种：①地下水压力。钢衬所受地下水压力值可根据勘测资料选定。根据最高地下水位线确定外水压力值的方法是稳妥的（但常会使设计值过高）。鉴于同时要分析水库蓄水和引水系统渗漏等因素对地下水位的影响，故地下水位线一般不应超过地面。②钢衬与混凝土之间的接缝灌浆压力（接缝灌浆压力一般为 0.2MPa）。③回填混凝土时流态混凝土的压力（其值决定于混凝土一次浇筑的高度，其最大可能值等于混凝土容重乘以一次浇筑高度）。

钢衬承受流态混凝土压力时，因钢衬无约束故类似明敷钢管承受外压，钢衬在承受地下水压力和灌浆压力时则已经受到了混凝土垫层的约束（灌浆压力沿管周是不均布的，地下水压力则可认为是均布的）。埋管钢衬在周围岩石的约束下承受外压力产生变形时与地面钢管有很大不同，当外压值增加到一定值时钢衬将发生塑性流动从而导致大变形（部分钢衬脱离混凝土，而其余部分钢衬则与混凝土紧密接触，此时钢衬已丧失其使用性能，其相应的外压力即为临界压力。埋管钢衬的临界压力与材料的屈服强度和初始缝隙值直接有关，这是埋管与明敷钢管在外压下失稳的重要区别）。埋管钢衬临界外压力计算方法如下：

1. 光面钢管埋管钢衬临界外压力计算

光面钢管在均匀外水压力作用下的计算公式很多，我国常采用阿姆斯图兹（Amstutz）公式（以下简称"阿氏公式"）。国内、外实际工程的地下埋管失稳破坏和模型试验失稳破坏的实例说明，光面钢管埋管钢衬的破坏形态与阿氏公式假设的变形形态相符，阿氏公式的计算结果比较接近模型试验值，这就是我国钢管设计规范推荐阿氏公式作为主要计算公式的主要原因。阿氏公式假定，当外压超过钢衬临界外压时，一部分的钢衬首先失稳而屈曲成三个半波（一个向内、两个向外），在被压屈部分钢衬中的最大应力达到了材料的屈服强度 σ_s，根据以上假定阿姆斯图兹导出了临界外压力的计算公式，即：

$$\left(E'\frac{\Delta}{r_1} + \sigma_N\right)\left[1 + 12\left(\frac{r_1}{\delta}\right)^2\frac{\sigma_N}{E'}\right]^{3/2} = 3.46\frac{r_1}{\delta}(\sigma_{s0} - \sigma_N)\left(1 - 0.45\frac{r_1}{\delta}\times\frac{\sigma_{s0} - \sigma_N}{E'}\right)$$

$$p_{cr} = \frac{\sigma_N}{\dfrac{r_1}{\delta}\left[1 + 0.35\dfrac{r_1(\sigma_{s0} - \sigma_N)}{\delta E'}\right]}$$

式中，σ_N 为钢衬屈曲部分由外压直接引起的环向应力；$\sigma_{s0} = \sigma_s / \sqrt{1 - \mu + \mu^2}$；$E' = E_s / (1 - \mu_s^2)$。其余符号的含义及单位同前。

需要指出的是，影响埋管外压稳定的因素很多且很多因素难以确定（比如外压力的大小和分布；缝隙的大小和分布；钢衬的不圆度和局部缺陷等），因此，理论公式的计算结果只能起参考作用，故初步计算时也可采用经验公式，即

$$P_{cr} = 612 \left(\frac{\delta}{r_1} \right)^{1.7} \sigma_s^{0.25}$$

上式是根据近 40 个不同国家、不同试验者在不同时期得出的模型试验资料用回归分析方法建立的（其相关性很好），计算时 P_{cr} 和 σ_s 的单位均采用 N/mm^2。其余符号的含义及单位同前。

2. 有加劲环埋管钢衬的临界外压力计算

地下埋管的外压稳定是设计中的主要问题，因此也常常采用增加加劲环的方法来提高稳定性（同时增加在运输和施工时的钢衬刚度）。

（1）加劲环的稳定分析

从理论上讲，加劲环断面的稳定分析也可按埋藏式光面管公式进行但需要按加劲环的有效截面进行计算。实际上，加劲环嵌固在混凝土中其向内变形时约束大（很难像光滑管壁那样脱离混凝土向内屈曲），故一般可不考虑加劲环的外压稳定问题而按强度条件对其进行控制（根据钢衬在外压作用下加劲环内平均压应力不超过材料屈服强度的条件来确定临界压力），即：

$$p_{cr} = \sigma_s F / (r_1 l)$$

式中，F 为加劲环有效截面；l 为加劲环间距。其余符号的含义及单位同前。

（2）加劲环之间的管壁外压稳定

目前，对加劲环之间的管壁外压稳定尚无合理的计算方法，可近似地套用带有加劲环的明管外压稳定计算公式（认为缝隙值很大，这样偏于安全）。

目前，工程上一般采用下列三种措施来提高钢衬的抗外压稳定性，即降低地下水水压力（是防止钢衬失稳的根本方法，比较广泛采用的是排水廊道结合排水孔的方法）；精心施工做好钢衬与混凝土之间的灌浆以减小缝隙（但灌浆时要注意鼓包问题，可通过采取临时措施或限制灌浆压力的手段解决）；解决流态混凝土的外压力稳定问题（可用临时支撑解决或通过限制浇筑高度的方法解决）。

（五）不用钢衬砌的地下管道稳定分析

为节约投资、加快施工进度，取消钢衬是现代埋藏式压力管道设计的一个发展方向，

充分利用围岩承担内水压力是其设计的指导思想。地下管道的衬砌形式除钢板衬砌外，还有混凝土及钢筋混凝土衬砌、预应力混凝土衬砌以及具有防渗薄膜的混凝土衬砌等。

1. 混凝土及钢筋混凝土衬砌

混凝土衬砌和钢筋混凝土衬砌在低水头压力管道中应用较多（但若用于高水头情况，在内水压力作用下混凝土衬砌难免开裂，因此应用较少），在高水头情况下防渗和承担内水，压力主要靠围岩，因此，其工作机理与不衬砌隧洞相似。该种情况下，混凝土及钢筋混凝土衬砌只能起到平整洞壁作用，为防渗和承担内水压力围岩必须较新鲜、完整（同时，其原始最小主压应力应不小于该点的内水压强并应有 1.2~1.4 的安全系数以防在充水后围岩被水力劈裂），洞室开挖后的二次应力与充水后的三次应力不但与洞室的尺寸和形状有关而且决定于原始地应力场的情况。因此，确定原始地应力场是地下工程设计的重要内容。小型工程和设计初级阶段由于地质资料不足，原始地应力场难以确定，在这种情况下也可根据岩石的覆盖厚度初步确定管道的位置和线路，挪威经验建议管顶以上岩体的最小覆盖厚度应满足：

$$L_r = \frac{K\gamma_w H}{\gamma_r \cos\alpha}$$

式中，L_r 为计算点至岩面的最小距离；γ_w、H 分别为水的容重和计算点的静水压；γ_r、α 分别为岩体容重和山坡倾角；K 为安全系数（可取 1.2~1.4）。其余符号的含义及单位同前。围岩的覆盖厚度除应满足上述要求外还应该是新鲜、完整的（目的是满足防渗要求）。

2. 预应力混凝土衬砌

预应力混凝土衬砌的特点是在管道充水之前在衬砌中施加预压应力以使管道充水后衬砌中不出现拉应力（或在局部只有很小的拉应力），混凝土衬砌中预压应力的施加方法主要有高压灌浆、钢缆施压、用膨胀混凝土衬砌三种。高压灌浆是指在混凝土衬砌与围岩之间进行的高压灌浆，目的是给衬砌施加预压应力。这种方法简单可靠、应用较广，但要求围岩应新鲜、完整并有足够的厚度。钢缆施压是指在混凝土衬砌外围预设钢缆，待混凝土强度足够后张拉钢缆给衬砌施加预压应力。这种做法安全可靠、对围岩要求不高，但施工复杂、造价较高。用膨胀混凝土衬砌主要利用的是混凝土的膨胀特点，在混凝土凝固过程中因自身膨胀会形成压应力，若围岩不够完整或覆盖厚度不够则可在衬砌靠围岩一侧布置钢筋以使其在衬砌混凝土的膨胀过程中承受拉应力，从而确保混凝土能够形成足够的压应力并减小混凝土膨胀在围岩中引起的应力。

第四节 水电站混凝土坝体压力管道设计

水电站混凝土坝体压力管道是依附于混凝土坝身的（埋设在坝体内或固定在坝面上并与坝体成为一体的压力输水管道），其优点是结构紧凑简单、引水长度最短、水头损失小、机组调节保证条件好、造价低、运行管理集中方便，其缺点是管道安装会干扰坝体施工、坝内埋管空腔会削弱坝体刚度并使坝体应力恶化。混凝土重力坝和坝内钢管及坝后厂房是应用非常广泛的传统形式，近年来混凝土坝下游面压力管道也得到了普遍应用，混凝土坝坝式水电站采用坝体管道司空见惯，常见的混凝土坝体压力管道主要分为坝内埋管和坝体下游面管道（坝后背管）两种。

一、坝内埋管设计

坝内埋管的特点是管道穿过混凝土坝体并全部埋在坝体内。

（一）坝内埋管的布置

坝内埋管在坝体内的布置原则是尽量缩短管道长度；减少管道空腔对坝体应力的不利影响（特别应减少因管道引起的坝体内拉应力区的范围和拉应力值）；减少管道对坝体施工的干扰并有利于管道本身的安装和施工。在立面上，坝内埋管有三种典型的布置形式：①倾斜式布置。管轴线与下游坝面近于平行并尽量靠近下游坝面，其优点是进水口位置较高、承受水压小（有利于进水口的各种设施布置）；管道纵轴与坝体内较大的主压应力方向平行（可以减轻管道周围坝体的应力恶化）；与坝体施工干扰较少。其缺点是管道较长、弯段较多，另外，管道与下游坝面间的混凝土厚度较小。②平式和平斜式布置。管道布置在坝体下部，其优缺点与倾斜式布置相反。对拱坝，当坝体厚度不大而管径却较大时常采用这种布置方式。③铅直式布置。管道的大部分铅直布置，这种布置通常适用于坝内厂房（或为避免钢管安装对坝体施工的干扰在坝体内预留竖井，后期再在井内安装钢管）。其缺点是管道曲率大、水头损失大，另外，管道空腔对坝体应力不利。在平面上，坝内埋管最好布置在坝段中央且管径不宜大于坝段宽度的1/3，管外两侧混凝土较厚且受力对称。通常在这种情况下，厂坝之间会有纵缝，厂房机组段间横缝与坝段间的横缝也应相互错开。若坝与厂房之间不设纵缝而厂坝连成整体时，由于二者横缝也必须在一条直线上，故管道在平面上不得不转向一侧布置，这时钢管两侧外包混凝土的厚度也将不同。若坝内埋管（以及其他形式的坝体管道）采用坝式进水口则其布置和设施必须满足进水口的所有要求，进水口的拦污栅一般应布置在坝体悬臂上以增加过水面积，检修闸门及工作闸门槽通常应布置在坝体内，紧接门槽后应是由矩形变为圆形的渐变段（然后接管道的上水平段或上弯段。有时渐变段也可与上弯段合并而由渐变段直接连接斜直段）。进水口位于坝体内时过水断面较大故宜做成窄高型，渐变段要尽量短以便能较快过渡到圆形断面（这样有利于闸门结构及坝体应力）。应注意保证通气孔的必要面积和出口高程及合理位置（以免进气时产生巨大吸入气流而影响通气孔出口附近设备及运行人员安全），应使进口处所设充水阀和旁通管面积不太大（以免充水时从通气孔向外溢水和喷水从而影响厂坝之间电气设备的正常运行）。

（二）坝内埋管的结构计算

坝内埋管的结构计算可以用有限元方法或近似解析法，这里主要介绍简单、实用的近似解析法。近似解析法从与管道轴线方向垂直的平面内截取单位厚度并假定其属于轴对称平面应变问题，然后根据钢管、钢筋和混凝土的变形协调关系推导出计算公式，其计算步骤如下：

1. 判断混凝土的开裂情况

在内水压力作用下钢管外围混凝土可能有未开裂、开裂但未裂穿、裂穿三种情况。首先假定钢管的壁厚 δ 和外围钢筋的数量（计算中应将钢筋折算成连续的壁厚 δ_3）。若混凝土未裂穿则可由下式进一步推求混凝土的相对开裂深度 $\psi = r_4/r_5$，即：

$$\psi = \frac{1 - \psi^2}{1 + \psi^2}\left\{1 + \frac{E'}{E'_c}\left(\frac{\delta}{r_0} + \frac{\delta_3}{r_3}\right)\left[\ln\left(\psi\frac{r_5}{r_3}\right) + \frac{1 + \psi^2}{1 - \psi^2} + \mu'_c\right]\right\} = \frac{p - E'\Delta\delta/r_0^2}{\sigma_{ct}} \times \frac{r_0}{r_5}$$

式中，$E' = E_s/(1 - \mu^2)$；$E'_c = E_c/(1 - \mu_c^2)$；$\mu'_c = \mu_c/(1 - \mu_c)$；$p$ 为内水压强；r_0、r_3 分别为钢管和钢筋层半径；E_s、μ_c 分别为钢材的弹性模量和泊松比；E_c、μ_c 分别为混凝土的弹性模量和泊松比；σ_{ct} 判断混凝土开裂的拉应力取值；Δ 为钢管与混凝土间的缝隙。其余符号的含义及单位同前。上式中的 ψ 有双解时应取其小值，若 $\psi \leq (r_0/r_5)$ 则表示混凝土未开裂；若 $\psi > 1$ 则表示混凝土已裂穿。ψ 可通过试算法（逐渐趋近法）求解。

2. 计算各部分应力

①混凝土未开裂时各部分的应力情况。混凝土分担的内水压强为：

$$p_1 = \left\{p - \frac{E'\Delta\delta}{r_0^2}\right\} \Big/ \left\{1 + \frac{E'\delta}{E'_c r_0}\left(\frac{r_5^2 + r_0^2}{r_5^2 - r_0^2} + \mu'_c\right)\right\}$$

混凝土内缘的环向应力为：

$$\sigma_c = \frac{p_1(r_5^2 + r_0^2)}{r_5^2 + r_0^2}$$

钢筋的应力为：

$$\sigma_3 = \frac{E_s}{E_c}\sigma_c$$

钢管的环向应力为：

$$\sigma_1 = \frac{(p - p_1)\, r_0}{\delta}$$

②混凝土未裂穿时各部分的应力情况。混凝土部分开裂时的钢筋应力为：

$$\sigma_3 = \frac{E' r_s}{E'_c r_3}[\sigma_l]\left\{ m\left[\ln\left(\psi\,\frac{r_s}{r_3}\right) + n\right]\right\}$$

钢管的环向应力为：

$$\sigma_1 = \frac{\sigma_3 r_3}{r_0} + \frac{E'\delta}{r_0}$$

上式中，$m = \psi\,\dfrac{1 - \psi^2}{1 + \psi^2}$；$n = \dfrac{1 + \psi^2}{1 - \psi^2} + \mu' c$。

③混凝土裂穿时各部分的应力情况。此时混凝土已不能参与承载活动，钢管传给混凝土的内水压强为：

$$p_1 = \left\{ p - \frac{E'\Delta\delta}{r_0^2}\right\} \Big/ \left\{ 1 + \frac{r_3\delta}{\delta_3 r_0}\right\}$$

钢管的环向应力为：

$$\sigma_1 = (p - p_1)\, r_0/\delta$$

钢筋的环向应力为：

$$\sigma_3 = p_1 r_0/\delta_3$$

上述计算是内水压力作用下的基本应力计算。除此以外，坝体荷载也会在孔口周围产生附加环向应力。故应将这两种作用产生的环向应力叠加后再进行配筋计算（若求出的钢筋数量不超过并接近假定的钢筋数量则认为满足要求。否则应重新假定钢筋数量再重复进行上述计算，直到满意为止）。

（三）坝内埋管钢衬的抗外压稳定性计算

坝内埋管钢衬抗外压失稳分析的原理和方法与地下埋管钢衬相同。坝内埋管钢衬的外压荷载主要有外水压力、施工时流态混凝土压力和灌浆压力等。计算时，施工期临时荷载不宜作为设计控制条件（而应靠加设临时支撑、控制混凝土浇筑高度等工程措施解决）。钢衬所受外水压力来源于从钢衬始端沿钢衬外壁向下的渗流（可假定渗流水压力沿管轴线直线变化）。为安全考虑，钢衬最小外压力应不小于 0.2MPa。钢衬上游段承受的内压值小、管壁薄但钢衬外渗流水压大，故是抗外压失稳的重点（应该在钢衬首端采取阻水环等防渗措施，并在阻水环后设排水措施，这样可比较有效地降低钢衬外渗压）。接缝灌浆可减小缝隙也有利钢衬抗外压失稳。从各国的应用情况看，坝内埋管钢衬在放空时外压失稳的事故比较少见。

二、坝后背管设计

为解决钢管安装与坝体混凝土浇筑的矛盾，一些大型坝后式水电站将钢管布置在混凝土坝的下游坝面上从而形成下游面管道（或称坝后背管），下游面管道除进水口后一小段管道穿过坝体外，其主要部分均沿坝下游面铺设。与坝内埋管比，下游面管道的优点是便于布置；可减少管道空腔对坝体刚度的削弱（有利于坝体安全）；坝体施工不受管道施工及安装的干扰（可提高坝体施工质量、加快施工进度、提前发电）；管道可随机组投产的先后分期施工（有利于合理安排施工进度、减少投资积压，机组台数较多时其效益更为显著）。混凝土坝下游面管道有两种结构形式，即坝下游面明敷钢管和坝下游面钢衬钢筋混凝土管。

（1）坝下游面明敷钢管

坝下游面明敷钢管的优点是现场安装工作量小、进度快、对坝体施工干扰小。其缺点是当钢管直径和水头很大时会引起钢管材料和工艺上的技术困难。另外，敷设在下游坝面上的明管一旦失事其水流将直冲厂房，后果严重。在高水头大直径情况下，可能因管壁太厚，在加工制造时须做消除应力处理，在气候寒冷地区，须有防冻设施。

（2）坝下游面钢衬钢筋混凝土管

坝后背管目前采用较多的是钢衬钢筋混凝土管道，即在钢管之外再包一层钢筋混凝土，形成组合式多层管道，钢筋混凝土层的厚度视水头高低和管道直径大小而定，通常用 $1 \sim 2m$，不宜用得太厚。通常用坝下游面的键槽及锚筋与坝体固定，其钢衬与外包混凝土间不设垫层紧密结合（二者共同承受内水压力等荷载）。这种管道结构的优点是管道位于坝体外、允许管壁混凝土开裂（从而可使钢衬和钢筋充分发挥其承载作用利用）；钢筋承载减少了钢板厚度（因而也避免了采用高强钢引起的技术和经济问题）；环向钢筋接头是分散的，故工艺缺陷不会集中（因而可避免钢管材质及焊缝缺陷引起的集中破裂口带来的严重后果）；减少了外界因素对管道破坏的可能性且在严寒地区有利于管道的防冻。但由于钢衬和钢筋混凝土之间有一定的初始缝隙，钢衬和钢筋的材料强度不能同时得到充分利用，故二者总的钢材用量将超过明敷钢管的钢材用量。钢衬和钢筋的用材量在一定情况下是可以互相代替的，即可以采用厚一些的钢衬和少一些钢筋，也可以相反。由于钢筋的单价较低，故钢衬钢筋混凝土管道宜采用较薄的钢衬和较多的钢筋，这样不但有助于降低造价，而且可以降低钢衬对焊接的要求，但钢衬的最小厚度受管壁最小结构厚度限制。钢衬钢筋混凝土管道具有较高的安全度，但与明管相比，增加了扎筋、立模和浇混凝土等工序。

第六章　河道治理与设计

第一节　基于生态水利工程的河道治理

一、传统河道治理所产生的问题

传统河道治理主要以防洪为目的，借助于工程措施提高河道的排涝和河堤的防洪能力。传统河道治理形式相对单一，主要是依河两岸修筑驳坎，冲刷严重部位采用护岸丁坝，其工程优点是构筑物较为坚固，防洪排涝性能较好。但是，传统河道治理工程，较少或基本忽略了其工程带来的生态环境影响和景观的美学价值，造成不可估量的经济、社会和生态价值损失。在此对传统河道治理设施产生的影响和问题归纳为以下三部分：

（一）河道纵横向的不连续性

在传统河道治理工程设施建成之后，河流生态系统和周边陆地生态系统之间的联系被隔绝起来。横向来看，长长的河堤建设阻止了陆生动物的下河饮水觅食，同时，河道生活的两栖动物却无法跃上高高的河堤进入陆生的环境，比如农田觅食等，这样的结果导致生物群落之间的联系减少，生物链减弱甚至断裂，生物种群规模衰减，严重破坏了生态系统的平衡和稳定。纵向来看，尽管堰坝和水库的修筑减缓了河床的底蚀速度，保护了沿河民居和农田不受破坏。但同时，堰坝和水库也隔绝了河流生态系统上下游之间的联系，上游的水生生物不能自然地进入下游的生态环境中，偶尔在洪水的冲流下，来到下游，但是，其自身健康在穿过洪道或水道的时候都受到了不同程度的伤害，甚至死亡。

（二）河道治理的渠道化和同质性

传统河道治理工程模式的单一，简单的高驳岸建设和截弯取直，导致河道严重的渠道化，河流自然的蜿蜒特性被破坏和改变，河水原有的流动特性不复存在。首先，渠道化的河流使洪水来时的速度增快，冲击力加大，破坏性更强，需要高强度的驳岸与之适应，增加了工程量，对构筑物的要求提高，导致资金投入增大；其次，渠道化的结果使水流对河床的底蚀能力增强，驳岸的高度随着时间的推移而增加，深槽当底蚀到驳岸地基上时，对沿岸农田和民居产生的威胁更大；最后，渠道化导致原有河道深槽和浅滩交错的布局消失，以深槽和浅滩为栖息地的动植物遭到毁灭性打击，河流生态系统中的各类动植物数量急剧减少，生态环境遭到破坏。

传统河道治理导致的同质性主要是因为原有自然环境遭到破坏，而人为建设的水利工程忽略了其生态功能，河道截弯取直，深槽和浅滩交错的自然布局不复存在，沿河长距离的渠道化导致了河流上下游同质性的产生。在生态学中，生态系统的复杂性越高，其稳定性越好，而传统河道治理工程导致的河流上下游同质化的结果使河流生态系统趋于简单，其稳定性变差，生态系统变得脆弱，容易进一步遭受侵害。

（三）河道的隔水性和生境的破坏性

河流的隔水性主要体现在治理穿过城市河流时，河流的整治一般形成一个凹型的隔水水槽，使建造河段彻底失去了生态功能，同时也弱化了景观功能。在河道治理中，堤岸的材料一般选用石块混凝土，这样的结果使堤岸是隔水的，堤岸环境下的生态自我修复则难以实现。穿过城区河道河床的治理中，现阶段，普遍存在的做法是对河床进行硬化处理，虽然避免了河水对河堤的冲击，保证河岸民居和建筑物的安全，但使治理河段丧失了生态功能和景观功能。

对河流生境的破坏性，主要是因为河道截弯取直，深槽和浅滩交错的布局消失，河流原有生境遭到破坏。堰坝的建设对河流生境也造成一定的影响，尤其是城市河道段的橡皮坝建设。北方河道建造的橡皮坝，一般是枯水期落坝泄水，洪水期起坝蓄水，洪水期蓄水，使橡皮坝上河段水位大于正常水位，淹没河道，原有河道近水而生的植物长时间被水淹没而死，当枯水期来临时，落坝之后，水位恢复到之前水位，河漫滩没有植被保护，砂石裸露，生境遭到破坏，动植物的生长没有一个相对稳定安全的栖息场所，种群数量衰减，生物多样性降低。

二、生态河道治理的理论基础

针对传统河道治理造成的一些生态环境问题，随着生态水利工程学的发展，人们对河流的认识更为全面和深刻，生态水利工程在河道治理方面的应用也随之展开。从之前河道治理仅仅简单的满足泄洪防灾的需要之外，人们还认识到河流生态系统健康稳定的重要性，保护生物多样性迫切性，以及在河道治理工程中要注意生态环境保护和生境恢复。至此产生了生态河道理论，伴随着一些生态河堤工程得以实施。以下五部分为生态河道治理工程的基础理论：

（一）生态环境保全的孔隙理论

所谓河道治理的孔隙理论就是在河道治理中，采用一定结构和质地的材料，人为地构建适合生物生存的孔隙环境，保证在河道治理中，生态系统自然属性的完整性，为保护或恢复其系统的生态功能打好基础。河道生态系统的保护和恢复与河岸的构筑形式和使用材料有莫大关系。前文已经说明混凝土砌筑下连续硬化的堤岸和河床等对生态系统的危害。河流生态系统中，处于食物链高层的动物都是依赖于洞穴、缝隙，或相对隐蔽隔离的区域繁衍生息。因此，动物与孔隙条件的依赖关系是一个普遍规律。基于这个规律，多孔结构的护岸和自然河床就能够很好地保护和恢复生态系统并促进其发展。

（二）退化河岸带的恢复与重建理论

顾名思义，河岸带就是低水位之上，直至河水影响完全消失为止的地带。河岸带生态系统是水—陆—气三相结合的地方，是复杂的生态系统。河岸带生态恢复与重建理论的基础是恢复生态学。

河岸带生态系统的恢复和重建是建立在河岸带生态系统演化和发展规律上的。有研究表明，首先，更大级别的系统是生物多样性存在和稳定的必要条件，因此，有必要置河岸系统于更大级别的生态系统中，使河岸带生物多样性的恢复更加稳健；其次，恢复河岸带与周边毗邻生态系统的纵横向联系越密切，障碍越少，对生物多样性的建设越有利，因此，有必要加强恢复工程与周边系统的联系，并尽力消除二者之间障碍；再次，相邻类型一致的生态系统，其利于彼此稳健发展，因此，要调查恢复的河岸带生态系统类型，可以使其与相邻系统类型一致，则有利于其恢复；最后，在河岸带生态系统恢复中，对于功能恢复弱的小区域，也要注意其对自然和人类活动的影响。

河岸带生态系统的恢复重建主要包括三个方面的内容，其依据河岸带的构成及生态系统特征概括为：一是河岸带生物群落的恢复与重建；二是缓冲带生态环境的恢复与重建；三是河岸带生态系统的结构与功能恢复。

（三）水环境修复原理

众所周知，河流水环境有很强的自净作用和修复功能。在河流自净能力承载范围内，污染物质进入河流水体后，一般是两个过程同步进行。一是污染物浓度的降低和降解，即污染物进入河流之后，经过河水扩散、沉淀以及生物的吸收和分解等作用，水质逐渐变好。二是有机污染物经过氧化作用变成无机物的过程。这一过程，归功于水环境中生存的微生物或生物，其为了生存繁衍所进行呼吸作用或获取食物等活动，使水环境中有机污染物经过氧化还原作用变成稳定的无机物质。其结果使物质在生态系统中沿着食物链转化和流动，得到有效利用的同时既改良了水质也改善了水环境。

但是，随着河流水体的污染和富营养化程度日益突出，水体中有机物和营养物质超过了水体自身的自净能力，就需要人为帮助水环境的改善，对此一般采用水环境修复技术。修复技术很多，常见的有修复塘技术、生物岛等，适当地应用修复技术可以促进了多种生物的共同生长，多种生物之间相互依存、相互制约，形成了有机统一体，提高了河流水环境的自净化能力，改善水质。

（四）生态用水理论

广义的生态环境用水，是指维持全球生物地理生态系统水分平衡所需用的水，狭义的生态环境用水是指为维护生态环境不再恶化并逐渐改善所需要消耗的水资源总量。生态需水量是一个特定区域内生态系统的需水量，而并非单指生物体的需水量或者耗水量。河流基本生态需水量的确定包括水量满足和水质保障两方面。从生态需水量概念可以得知，其本身是一个临界值，当实际河流生态系统持有的水量水质处于临界值时，生态系统将维持现状，满足其稳定健康；当河流生态系统持有水量水质大于这一临界值时，生态系统会向更稳定的高级方向演替，使系统的状态保持良性循环；与此相反，当系统持水水量水质低于这一临界值时，河流生态系统将逐步衰弱，环境遭到改变。

河流生态需水量包括多方面的内容，主要有保护当地生物正常繁衍生息水环境的需水量和满足水体自净能力及自然状况下蒸散的需水量。为了避免由于河流生态系统需水量而产生的生态问题，在水资源开发和利用中，需要对其进行合理配置和规划，对生态需水、生活用水和工农业用水优化配给，并按照已有标准对排放污水进行处理，尽量使污水得到循环使用，以保障当地河流生态系统的稳健持续发展。

（五）景观价值理论

相比较于传统河道治理，现代生态河道治理工程在注重河道其他功能之外，也注重河道的景观价值，景观价值和河流的生态价值及社会价值并称河流的三大价值，相对应于河流的景观功能、生态功能和社会功能。

三、生态河道治理研究的内容

生态河道治理研究的内容很多，在各个领域内都有学者研究，分析可归纳为以下部分：

第一，生态河道治理理论研究，主要研究河道治理中存在的问题和治理目标，并根据已有的工程或技术，针对问题或目标提出和研究一系列的理论方法，以使生态河道治理具有可行性和科学性。

第二，生态河道治理工程技术研究。生态河道治理中会遇到很多实践问题，而这些问题的处理需要在现有工程技术的支持上得以解决，当现有工程技术不能解决一些问题时，这就需要对新的工程技术加以研究。现有的工程技术有很多，比如河道生态修复技术、各种施工技术等。

第三，生态河道工程设计研究，主要是对河道工程进行工程设计和方案的选取。在治理河道上，需要因地制宜，在现有工程技术的基础上，多方案规划设计，选取最优方案进行工程建设。

第四，生态河道治理工程的评价和管理研究。生态河道治理工程的评价体系分为前期评价和后期评价，前期评价即是工程建设前就开始的评价，旨在评价工程的可行性、科学性以及影响预测评价；后期评价是对工程的持续监督，旨在观测工程带来的影响，以确保工程的危害性最小，并对出现的新问题得以及时处理。

生态河道工程管理主要有建设期间的管理和建成后的管理。建设期间的管理一般以工程建设方为管理主体，而建成后的管理主要是水务部门的管理。具体则需要根据当地情况而定。

四、生态河道治理中存在的问题和对策

第一，对于河道的治理仍然停留在传统地步，仅有一部分实现了河道的生态治理。河道治理整体上或局限于水利工程学、环境科学与生态学的浅显结合，或者仅仅以水利工程学为指导，忽视了与其他相关学科的交流联系和结合。具体表现在一些水利工程在建设之后造成了河流形态渠道化和间断，导致了河流生物物种的多样性下降。针对这种现象，需要水利部门加快生态水利工程研究，提倡生态水利建设，加大对其资金投入。

第二，缺少对治理河道周边生物群落历史资料，并忽视其与水文要素之间的联系。对常规水文地质勘测的进行处于表象，存在对现状认识模糊，盲目从经验或表象来治理。对此需要建立河道生态系统长效监测机制，对河道的主要生态要素和水文要素进行定期定点或选点抽查监测，以确保做到对河道生态系统的长效监督控制和管理。

第三，河道治理工程的规划设计上，虽能结合水力学等学科，满足景观需要和河流的水力要求，但损害了河流的生态结构，造成河流生态功能的减弱，且设计创新性不够，仍然局限于传统河道治理工程的设计模型。对此要在河道治理工程设计规划建设之初，以构建生态系统结构完整为目标，以使河道工程确保河流功能的健全和健康持续发展。

第四，公众对生态河道治理理念的意识淡薄，其参与积极性有待提高，并应加强与公

众之间的交流，使工程设施更加具有亲民亲水性。这样的问题，需要政府部门引导，并加大宣传力度，使广大群众能够认识并参与到生态河道保护中，自觉保护河道环境，维护河流生态系统的持续发展。

第五，工程措施与非工程措施侧重不一。针对这一问题，在工程设计和实施上追求安全、实用和美观，非工程措施上需要加强建设与水资源有关的监督管理系统等，以做到工程措施与非工程措施并重。

第二节　生态河道设计

一、生态堤岸设计原则

在生态河道设计中，具体到生态堤岸的设计，依据国内外生态堤岸的成功经验，结合生态水利工程的基本原则和所设计河道特点，生态堤岸设计应遵循以下六个原则：

①堤岸应满足河道功能和堤防稳定的要求，降低工程造价，对应于生态水工学中安全性与经济性的原则。

②尽量减少工程中的刚性结构，改变堤岸设计在视觉中的审美疲劳，美化工程环境，对应于生态水利工程原则中的景观尺度与整体性原则。

③因地制宜原则。

④设置多孔性构造，为生物提供多样化生长空间，对应于生态水工学中的空间异质性原则。

⑤注重工程中材料的选择，避免发生次生污染。

⑥在设计初，要考虑人类自身的亲水性，其实质对应于生态水利工程中的景观尺度和整体性原则。

二、生态河道设计内容

河道治理工程中，在工程具体设计出具之前，我们需要对河道的流量和水位进行初步设计，这是工程设计的基础。为了保护地区安全，需要结合当地水文特点，选择符合其防洪标准的洪水流量，确定最大设计水位。需要根据通航等级或其他整治要求采用不同保证率的最低水位来设计最低水位。在叙述以下设计方案之前，要先把河道水位设计提出来，是因为不管河道的各种设计方案如何，它都是以防洪为基础目标，在此基础上，才可以更好地对方案设计，对各项指标要求或景观目标进行布局。

（一）河道的平面设计

对整个河道的总体平面进行设计，即线性设计，是进行生态河道建设必由之路，也是把握和控制整个系统的关键所在，其设计标准下河流的过流能力是设计最基本的要求。在河道规划设计时，在满足排洪要求的情况下，应随着河道地形和层次的变化，宽窄直曲合理规划，以恢复河流上下游之间的连续性和伸向两岸的横向连通性，并尽量拓宽水面，既有利于减轻汛期河道的行洪压力，而且扩大了渗水面积，为微生物繁衍提供条件，给了生物更多的生存空间。同时，对补给地下水、净化大气、改变城市环境润泽舒适方面，将起到举足轻重的作用。将河道设计成趋近于自然的生态型河道，以满足人类各方面效益的需求。

在传统河道治理中，人们仅仅把河道当成泄洪的渠道，其设计仅仅满足了泄洪的需要，即以保证最大洪水安全通过。这样的目的导致的结果是河道治理简单化，仅仅是将河道取直，河床挖深，加强驳岸的牢固稳定，而忽视了河道的自然生态功能和景观功能。在违背了生态水利工程学的理念和原则的前提下，自然也违背了生态河道的理念和设计原则。对此，需要结合河道地势，部分河段扩宽，拆除混凝土构筑物，充分发挥空间多边、分散性的自然美，使河流处于近自然状态。既加强了水体的自净能力，也使水质自净化处于最佳状态。同时，也需要注重细节上的设计。比如，为了水鸟等生物的生存，应该适当恢复和增加滨水湿地的面积；为了鱼类更好地繁衍生息，应该使河道有近自然状态的蜿蜒曲折，深槽和浅滩交错分布；为了陆生和两栖动物在河流和陆地之间活动方便，在河道堤沿建设时，适当的预留动物横向活动的缺口；为了使河流上下游生物之间的流动，则减少堰坝的数量，或者寻找可以替代堰坝的设计方案等一系列措施付诸实践，都是需要在最初设计时考虑的问题。

设计者在设计时，如果涉及城镇区域内的河道设计，还需要考虑其景观的美学价值和社会功能。这就需要结合所规划地的具体情况，构建一些供居民亲水、近水的活动场所。从生态学的角度来讲，符合"兵来将挡，水来土掩"的自然规律，局部环境的改善可以为生物多样性创造条件，提高生态系统的稳定性，使其健康发展。从工程学的角度来讲，河堤建设是在抗洪防汛的前提下完成的，可以有效地降低水流的流速，减小其冲击力，利于保护沿岸河堤。从水利学来讲，它满足了水利学的基本要求，达到了人们的治理目的。

（二）生态河道断面设计

生态河道断面设计的关键是在流过河道不同水位和水量时，河道均能够适应。如高水位洪水时不会对周边民居农田等人们的生命财产安全构成威胁，低水位枯水期可以维持河流生态需水，满足水生生物生存繁衍的基本条件。一般的设计中，在河道原有基础上，需要对河流的边坡或护岸进行整治，以使河道横断面符合设计者的要求和目的。河道断面具有多样性，最常见的有矩形断面、单级梯形及多层台阶式断面等断面结构等。已有的断面结构虽然能一定程度上为水生动植物、两栖动物及水禽类建造出适合其繁衍生息的生境，可是其局限性和不足在长时间的实践中已经显现出来，妨碍了河流生态系统的健康稳定和可持续发展。

传统河道断面的设计，基本以矩形和单级梯形断面为主的砖石混凝土材料砌成的高堤护岸形式，主要作用是洪水期泄洪和枯水期蓄水为主，但蓄水时，一般辅助以堰坝和橡皮坝，单独的蓄水功能很差。在河堤设计时，为了陆生和两栖动物在水陆生态系统之间自由活动，在河堤护岸设计时，需要预留适当的缺口。而在断面设计中，这样的问题亦需要人们注意，因为过高的堤岸会使陆生和两栖动物不能自由地跃上和跳下，来往于水陆生态系统之间，生物群落的繁衍生息遭受阻隔。为避免水生态系统与陆地生态系统受到人为隔离状况的产生，在设计中，梯形断面河道虽然在形式上解决了水陆生态系统的连续性问题，但亲水性较差，坡度依然较陡，断面仍在一定程度上阻碍着动物的活动和植物的生长，且景观布置差，若减小坡度，则需要增加两岸占地面积。

针对这一问题，水利设计者们设计出了复式断面，简单概述为：在常水位以下部分采用矩形或者梯形断面，在常水位以上部分设置缓坡或者二级护岸，在枯水期水流流经主河道，洪水期允许水流漫过二级护岸，此时，过水断面陡然变大。这样的设计，不但可以满足常水位时的亲水性，还可以使洪水位时泄洪的需求，同时也为滨水区的景观设计提供了空间，有效缓解了堤岸单面护岸的高度，结构整体的抗力减小。另外，在河道治理过程中，我们还需要断面的多样化。断面结构，很大程度上影响着水流速度，从而影响水流的形式（紊流和稳流等），进而影响水体溶氧量，利于水生生物的生长和产生多样化的生物群落，造就多样化的生态景观。

尽管复式断面的产生，很大程度上满足了基于生态水利工程学的河道治理，但是，我们仍要注重方案的执行，在细节上进一步完善断面的宏观和微观设计。

（三）河道河床、护岸形式

河道治理中，建设符合生态要求且具有自修复功能的河道的是水利设计者的目标，这就要求人们要对河道护岸的形式加以研究，提出合理的设计方案。在绝大多数河道治理工程中，很少考虑到河床的建设，仅仅是对其进行休整、改造或修建堰坝和橡皮坝，但是，少数穿过城区河流的河床却遭受大的建设，而这些建设基本是河床硬化，使河堤和河床固为一体，满足城市泄洪的需要。

在河道护岸形式上，要选择生态护岸类型。生态护岸既满足河道体系的防护标准，又有利于河道系统恢复生态平衡的系统工程。常见的有栅格边坡加固技术、利用植物根系加固边坡的技术、渗水混凝土技术、生态砌块等形式的河道护岸。其共同特点是具有较大的孔隙率，能够让附着植物生长，借助植物的根系来增加堤岸坚固性，非隔水性的堤岸使地下水与河水之间自由流通，使能量和物质在整个系统内循环流动，既节约工程成本，也利用生态保护。但生态护岸的局限性是选材和构筑形式，由于材料和构筑形式与坡面防护能力息息相关，这要求设计者结合实际的坡面形式选择合适的结筑形式。

（四）生物的利用

在生态河道设计中，不但要注重形式上的设计，而且要注重对生物的利用。设计者可以以生态河道治理理论为基础，借助亲水性植物和微生物来治理水体污染和富营养化。比如设计新型堰坝，使水流产生涡流，增加水体中的含氧离子，促进水环境中原有喜氧微生物繁衍，有效降解水中的富营养化物质和污染物，同时也提高了水体自净能力。在此基础上，向河道引进原有的水生生物和亲水性植物，恢复水体中水生生物和近水性植物的多样性，如种植菖蒲、芦苇、莲等水生植物，进一步为改善河道生态环境和维护水质提供保障。

在河道堤岸的设计中，要善于利用植物的特点，美化堤岸，强化堤岸的景观功能。比如在相对平缓的坡面上，可以利用生态混凝土预制块体进行铺设或直接作为护坡结构，适当种植柳树等乔木，其间夹种小叶女贞等灌木，附带些许草本植物；在较陡坡面上，可以预留方孔，在孔中种植萱草等植物，在不破坏工程质量的基础上，美化了环境，提高了堤岸的透气性和湿热交换能力，有抗冻害，受水位变化影响小等优点。

三、河道护岸类型

在河道治理中，最常遇到的是生态河道治理和城市河道景观改造。生态河道治理一般是指对非城区河道的治理，但也可对城区河道进行生态治理，而城市河道景观改造主要针对城区河道而言，二者之间并无明显界限，针对具体情况而定。一般而言，生态河道治理一般要求所治理河道空间宽泛，且与周边生态系统联系密切，而农村河道基本满足其要求。对于城区河道景观的改造，如果满足空间宽泛的要求，也可对其进行生态治理，使其恢复良好的生态条件，美化人居环境。实际上，城区河道往往受制于空间限制，对其进行生态治理比较困难，因此，多数仅仅进行河道驳岸的改造。

（一）生态河道护岸类型

生态护岸工程现已在很多河道治理工程中得到应用，并总结出了一些护岸类型。总的来讲，生态型护岸就是具有恢复自然河岸功能或具有"渗透性"的护岸，它既确保了河流水体与河岸之间水分的相互交换和调节功能，同时也具备了防洪的基本功能，相比于其他一些护岸，它不但较好地满足了河道护岸工程在结构上的要求，而且也能够满足生态环境方面的要求。在生态河道治理中，生态护岸的类型有很多种，分析归纳为三种基本形式：

1. 自然原型护岸

自然原型护岸，主要是利用植物根系来巩固河堤，以保持河岸的自然特性。利用植物根系保护河岸，简单易行，成本低廉，即满足生态环境建设需求，又可以美化河道景观，可在农村河道治理工程中优先考虑。

一般在河岸种植杨柳及芦苇、菖蒲等近水亲水性植物，增加河岸的抗洪能力，但抗洪水能力较差，主要用于保护小河和溪流的堤岸，亦适用于坡面较缓或腹地宽大的河段。

2. 自然型护岸

自然型护岸，是指在利用植物固堤的同时，也采用石材等天然材料保护堤底，比较常用的有干砌石护岸、铅丝石笼护岸和抛石护岸等。在常水位以上坡面种植植被，实行乔灌木交错，一般用于坡面较陡或冲蚀较重的河段。

3. 复式阶梯型护岸

复式阶梯型护岸是在传统阶梯式堤岸的基础上结合自然型护岸，利用钢筋混凝土，石块等材料，使堤岸有大的抗洪能力。一般做法是：亲水平台以下，将硬性构筑物建造成梯形箱状框架，向其中投入大量石块或其他可替代材料，建造人工鱼巢，框架外种植杨柳等，近水侧种植芦苇、菖蒲等水生植物，借用其根系，巩固堤防；亲水平台之上，采用规格适当的栅格形式的混凝土结构固岸，栅格中间预留出来，种植杨、柳等乔木，兼带花草植物。这类堤岸类型适用于防洪要求较高、腹地较小的河段。

（二）城市河道驳岸类型

城市河道的水生态规划设计已研究很多，城市河道生态驳岸具有多样性的形式和不同的适应性，其功能和组成与自然河道相比有很大不同。在城市河道景观改造中，驳岸主要有以下三种类型：

1. 立式驳岸

立式驳岸一般应用在水面和陆地垂直差距大或水位浮动较大的水域，或者受建筑面积限制，空间不足而建造的驳岸。此视觉上显得"生硬"，有进一步进行美化设计的空间。

2. 斜式驳岸

斜式驳岸就是与立式驳岸相对应而言的，只是将直立的驳岸改为斜面方式，使人可以接触到水面，安全性提高，要求有足够的空间。

3. 多阶式驳岸

多阶式驳岸，和堤岸类型中的复式阶梯型堤岸相似度极大，但又有明显差别，建有亲水平台，亲水性更强，但同复式阶梯型堤岸相比，人工化过多，单一性明显，亲水平台容易积水，忽视了人和水之间的互动关系。对水文因素和水岸受力情况分析不到而采取简单统一的固化方案，没有考虑河道的生态环境和景观。现多被生态多阶式驳岸替代，而生态多阶式驳岸与复式阶梯型河堤形式基本相同。

四、河道的设计层面

在设计层面上，必须认识到河流的治理不仅要符合工程设计原理，也要符合自然生态及景观原理。即大坝、防洪堤等水利工程在设计上必须考虑生态、景观等因素。

（一）河道线形、河床设计

对于大多数渠道化的河道，由于受经济、社会和自然条件的制约，拆除堤防和其他方法来完全恢复到历史的状态是不切实际的，但在有些情况下仍有可能恢复其蜿蜒模式。

1. 河道蜿蜒性的确定

与直线化的河道相比，蜿蜒化的河道能降低河道的坡降，从而减小河道的流速和泥沙的输移能力。通过恢复河道的蜿蜒性能增加河道栖息地的质量和数量，并营造更富美感及亲水性的景观。蜿蜒度是指河段两端点之间沿河道中心轴线长度与两点之间直线长度的比值。

一般在河道改造过程中，遵循"宜宽则宽，宜弯则弯，尽量使河道保持自然的形态"的原则，但是，在具体的河道线形中，如何确定河道的蜿蜒性，怎么使河道在兼顾"宜宽则宽，宜弯则弯"的同时，还能保持河道各系统的稳定性，是设计时首先需要解决的问题。

2. 河道底宽、面宽与深度的确定

在河道设计中，河道宽度、深度、坡降和形态是互相关联的变量，河道修复应尽量保持原有的几何形态，如果待修复河段不稳定，可将参照河段的宽度测量结果取平均值来确定待修复河段宽度的选择范围。

3. 深槽、浅滩的设计

深槽、浅滩是蜿蜒型河道的典型地貌特征。如果受城市建筑、道路等的影响，渠道化顺直的河道无法在平面形态上得以修复成蜿蜒的形态，那么，可以通过深槽、浅滩的形

式，达到生态改造的目的。一般深槽、浅滩的修复是以序列的形式，在对河道历史形态调查的基础上修改和重建。

如果河道近于顺直（蜿蜒度小于 1.2），浅滩（深槽）的间距可根据经验按河宽来确定，取 5~7 倍河宽，浅滩（深槽）间距的 2 倍即为一个蜿蜒模式内的河湾跨度间。

4. 防洪与生态、景观结合的河滩地设计

河滩地的高程设计，应在满足 3~5 年遇防洪要求的前提下，尽可能降低滩地高程，以加大行洪断面，增加亲水体验。河滩地既扩大了行洪断面，又为鸟类、两栖动物的生存提供了生存空间，也为人类休闲、游憩提供了条件。

第一，从生态的视角看，浅滩作为河道内重要的栖息地，具有满足生物个体与种群间生存的化学及物理特性的河流区域。因此，设计时，用生态的方法，通过调整水流的时空分布，改善栖息地质量，包括水质、产卵地条件、摄食条件和洄游通道，等等。具体的改善生态结构包括小型丁坝、堰、树墩、遮蔽物等。这些结构通过控制河道坡降，维持河道稳定的宽深比，降低近岸的流速，保护河道的坡岸，并改良鱼类的栖息地。

第二，从景观的角度看，在各类生物的栖息环境、自然教育、环境绿化美化、岸边旅游休闲和人类的日常生活之间寻找一个最佳平衡点，建立一种尊重自然，爱好自然，亲近自然的新模式。将休闲地、绿地设置于河滩地，一方面增强了游人的休闲亲水性；另一方面，河滩地设计成草坪、草地等开敞空间，适当设置树丛、灌木，可以根据需要布置一些亲水的平台和台阶，以满足游人散步、骑自行车、放风筝等游憩活动。在滩地宽度足够大时，可以设置露天球场等活动设施。此外，在河滩地不宜布置假山、雕塑、亭台等阻水性的园林建筑，应以满足河道防洪需求为主。

（二）河道断面设计

由于河道所处的环境及周边的土地利用情况的不同，相对应河道断面也可选择不同的形式，如对于北方大部分的季节性河流，一年之中水位变化较大，或大部分时间为污水，为解决景观及防洪的需求，通常采用复式断面结构；对于在人口集聚地河流段，由于河道两岸空间相对狭小，河道通常采用梯形和矩形断面形式。

断面设计的基本标准是满足设计出的河道能够应对不同水位和过水量的要求。在此基础上，河流还应该有凹岸、凸岸、浅滩和沙洲，这样才能为各种生物提供良好的栖息场地，发挥降低河水流速、削减洪峰流量的作用。

1. 复式断面

河道断面的选择除了考虑河道的排洪功能、河道两侧土地利用外，应结合布置河岸生

态景观，注重维护河道的自然生态平衡，恢复生物多样性，回归自然，尽量为水陆生物创造良好生境。同时，体现亲水性，方便人们的休闲，亲近自然。

传统的河道设计常采用矩形或梯形断面，以满足洪水期排洪或者河道蓄水的需要，但是，由于雨量在时空上的分布不均匀，同一河道在设计洪水标准下的洪水流量可能是枯水期流量的几十或几百倍。为了满足洪水期泄洪要求，往往设计成矩形或梯形坡面较陡，亲水性差，不利于生物生长，景观布置困难，而缓坡断面又受到建设用地的限制。

从景观与防洪方面看，在枯水期河道应有一定的水面宽度和水流深度。河道必须有较大的行洪断面；而为了保持枯水期河道景观，河道断面不宜太大。解决该矛盾的最好方法是河道采用复式断面。常水位以下河道可采用矩形或者梯形断面，在常水位以上则应设置缓坡或者二级护岸，允许洪水期部分洪水漫滩，平时则成为城市中理想的开敞空间，具有很好的亲水性和临水性，适合居民自由休闲游憩，从而解决了常水位期时人们对河道亲水性的要求和洪水期河道泄洪的要求。

从生态与防洪角度看，在满足河道功能的前提下，应尽量减少人工治理痕迹，保持天然河道面貌，采用原泥土、鹅卵石驳岸等方法保持河岸原始风貌。在边坡上则采用自然生态岸坡，种植草皮灌木等，保持近自然形态的景观，保护原有河道生态系统。既能保证枯水期有一定的水深，能够为鱼类、昆虫、两栖动物的生存提供基本条件，同时又能满足防洪要求。

2. 梯形或矩形断面

在人口密集地周边的河道，河道两岸空间较狭小，且居民对于河道功能的要求较高，则采用矩形或梯形断面以满足防洪需求并尽可能在有限的空间满足各种需求。包括景观的合理布置、护岸的选择来充分体现河道安全、休闲和亲水的功能，营造人水和谐的人居环境，以提高城市的品位。

（1）梯形断面

梯形断面可采用上部和下部不同的坡度形式，下部分较陡，注重防洪，上部分适合放缓以满足生态及景观的要求，局部设置人行台阶、种植花树，实现河道断面的景观化。因此，梯形断面可根据不同的地形、地势，考虑挡土墙与河岸景观相结合，采用不同形式、材料、造型等的护岸，掩盖堤防特征。同时，采用合适的护岸材料，营造安全舒适的亲水景观型河道。

（2）矩形断面

矩形断面的直立陡坡难以满足亲水要求，但由于人口的密集，河道两岸空间狭小，所以矩形断面无可避免地会在城市中使用到。但考虑到生态及景观的需求，护岸可采用生态化的形式，来保护生态多样性，防止河道渠化。如在护岸的石块孔隙中容许植物的生长，在一定程度上增加河岸的生态多样性。

3. 河道断面的不对称性设计

以往受堤防工程约束或河道两侧用地的局限，河道断面几何特征一般为对称规则型的形态，相对均与的流场会因一些局部扰动而发生小的紊乱，这些扰动会在河道的不同位置被放大和抑制，从而加速水流发散和收缩，导致河道趋于不稳定。因此，在用地条件限制而无法实现河道蜿蜒性的改造时，则可以采取把河道横断面恢复到更加自然的地貌形态。对河道的岸坡坡度进行重新设计，使河道的断面具有不对称的几何特征，从而引导水流以形成不同地貌特征的河道形态，如深槽、浅滩、河漫滩等，诱发河道自由发展，从而恢复河道相对自然及动态平衡的状态。不过，必须注意的是应防止河道过度摆动而产生河岸冲蚀的问题，这则需要运用河岸的加固措施。如典型的设计手法是使河道具有不同的河道断面坡度，如凸岸的坡度为 1∶5，凹岸的坡度为 1∶1，则水流会在凹岸形成冲蚀深槽，而在凸岸会发生水流发散及泥沙的淤积现象，以形成边滩、弯曲段及河漫滩地。

（三）河道水利工程建筑、设施的生态及景观设计

河道水利工程建筑及设施一般包括：各种水闸，如分水闸、分洪闸、进水闸；各种堤坝，如丁坝、顺坝、滚水坝、护岸；各种港工建筑物，如码头、船坞。另外，取水口、跌水、泵站以及跨河桥梁等。这些建筑设施往往是河道景观上的重要节点，其设计除满足基本功能外，还应该从景观的角度去考虑。

第一，设计时遵循建筑美学的一般规律，充分考虑河流周边的环境；采用适的比例、尺度；统筹体形、色彩、质地三方面的协调。

第二，水工建筑物与一般土木建筑物又有所不同，具有其他特殊的内涵，即与河流与水紧密地联系在一起，特别是由水而衍生出的地域文化特色。在水工建筑物的设计时应充分挖掘与此相关的水文化内涵，通过地域元素加以表达，形成具独特地域风格的水工建筑。

第三，水工建筑物的设计，特别是滚水坝、护岸等，具体河段可以以生态形式布置，如自然岩石的水坝，从而不造成生态阻滞现象，如鱼类的洄游通道。同时，在景观上可考虑游人的亲水性，即坝体的设计可结合种植槽、汀步等，打破生硬的线条，营造生态、景观与坝体相融合的景观。

（四）景观与生态系统双重营造的滨水区植物设计

1. 植物设计的生态性原则

对于植物生态及自然景观性的理解并不是乔灌草的简单化、形式化的堆积，而是要依

据滨水水域、陆域的自然植被的分布特点和生态系统特性进行植物配置，从而体现滨水区植物群落的自然演变特征。植物设计的发展趋势是充分地认识地域性自然景观中植物景观的形成过程和演变规律，并以此进行植物配置。

植物设计应能够充分体现滨水区植物品种的丰富性和植物群落的多样性特征。营造丰富多样的植物景观，先要依赖于丰富多样的滨水空间的塑造，所谓"适树适地"的原则，就是强调为各种植物群落营造更加适宜的生境。滨水植物设计的首要任务是保护、恢复并展示滨水区特有的景观类型，而滨水区植物景观的多样性是滨水区地域性特征最显著的元素。

2. 植物设计的景观性原则

植物景观是滨水区的重要景观，也是滨水区景观的有机组成部分。规划中应根据地域特性，尽量模仿滨水区自然植物群落的生长结构，增加植物的多样性，建立层次多、结构复杂、多样性强的植物群落。合理地进行片植列植、混种等，并形成一定规模，促进植物群落的自然化，发挥植物的生态效益功能，增强滨水植被群落的自我维护、更新和发展能力，增强群落的稳定性和抗逆性，实现人工的低度管理和景观资源的可持续发展。同时，注重滨水区生态系统动植物、微生物之间的能量交流，建立适宜滨水区生态系统发展的景观形态。

滨水区往往会是城市形象的重要展示部分。规划设计在贯彻自然生态优先原则的前提下，预留完整的滨水生态的发展空间，保护城市滨水生物多样性，运用景观生态学原理，建立相应的评价系统，以提高城市滨水区及城市整体环境品质，维护景观多样性及生态平衡，其他景观设计项目让位于植物景观的生态设计。当然，规划中不仅要尊重自然生态的发展空间，也要考虑人类社会、经济生态系统运行的需求。

五、工程尺度层面

（一）河道护底与驳岸材料选择

在滨水区，驳岸是水域和陆域的交界线，相对而言也是陆域的最前沿。驳岸设计的好坏，决定了滨水区能否成为吸引游人的空间，并且作为城市中的生态敏感带，驳岸的处理对于滨河区的生态也有非常重要的影响。

1. 生态驳岸改造指导思想

参考国内外成功改造案例，依据现有驳岸现状条件，改造的主要指导思想为：

①驳岸景观建设要符合城市绿地系统规划要求及城市带状滨河空间需求，滨河是提供人们日常休闲健身和娱乐的场所。

②景观改造要营造亲水驳岸空间，驳岸景观设计应强调人与水的互动。

③河道沿线城市公园休闲景观节点应与河道休闲绿地尽量打通并连接起来，拓展河道两岸景观休闲空间，成为城市公园休闲通廊。

④两岸重要节点处应设游览设施及管理服务设施。

⑤沿驳岸要有较高夜景照明要求。

⑥驳岸景观改造适宜地段应尽量使用空间亲水型驳岸，增设亲水游览设施。

⑦坡脚护岸材料的选择遵循就地取材原则，注重废旧物品的再利用。

2. 生态驳岸具体类型

河段内的直立式护岸参考绿化护岸和加法护岸的营造措施，在两岸市民景观：要求不高的地段，针对出现的斜坡式石砌护岸，可采用直立式护岸中的绿化护岸形式只进行"面部"的改造，对于有河道穿越的市中心或居住区等特殊地段，景观要求较高，应采用多种坡面处理方式，在水利条件允许的前提下，适当考虑拆除部分石砌护岸，结合生态驳岸的手法加以改造，并充分考虑人与水的互动性，加强其生态气息。具体改造措施如下：

（1）卵石缓坡

针对须改造的斜坡式石砌护岸，卵石缓坡护岸是最理想的生态护岸形式，其横断面俗称"碟形"断面，有利于两栖动物的出行，在结合水生植物种植同时，凸显了自然生态感。

于斜坡腹地广大区域，在防洪排涝条件允许的情况下结合原地形，弃除石砌斜坡，应用卵石，自然散铺于坡脚；水面与卵石与水面衔接处种植水生植物，打造自然原貌；对于水流大、腹地小的区域，卵石可考虑结合混凝土稳固基础，但临近水面区域应结合水生植物做软化处理。

（2）条石护岸

部分河段，在水利泄洪条件允许且河流较宽的情况下，考虑采用生态型条石护岸的形式。条石应为自然型和经过粗加工的自然凿开面石材，长宽不一；条石与条石之间不是紧密连接，不要求横平竖直整齐划一，而是尽量错落有致，体现自然、美观的概念；于错落摆放的条石的缝隙中种植耐水湿植物，营造自然生态型驳岸；条石护岸空隙较大，有利于形成水生生物栖息场所，丰富岸边生态体系。

（3）山石护岸

山石护岸与条石护岸相类似，山石护岸材料主要为就地取材的不经人工整形的乡土自然山石；石块与石块之间的缝隙中尽量形成孔穴，不要用水泥砂浆填塞饱满，以此提供水生动物栖息地；石块背部做砾料反滤层，用泥土密实筑紧，使山石与岸土自然结合为一体；山石缝隙间、临水处栽植水生植物，点缀岸坡，体现自然美景。

（4）木桩护岸

针对斜坡式石砌护岸，大多数情况下均可采用木桩护岸形式美化坡脚：选用木桩，底部削成锥形，并进行防腐处理。木桩打入土后，对其边缘进行挖方处理，木桩高度应与直径相协调，入土参差不齐、错落有致，木桩周围种植水生植物。

采用仿木处理，以人工自然手法，具体是采用钢筋混凝土结构，表面做仿木处理，"桩"之间留有足够的空隙形成水生动物栖息地，背填卵石、砾料、细沙等作为反滤层。

（5）旧物利用

在改造斜坡式护岸的同时，遵循就地取材、旧物新用的原则。对于改造过程中产生的卵石、老条石、枯树根、废旧的轮胎、废弃的排水管、边角废料等在满足固岸需求的前提下，可充当景点装饰护岸，也是一种生态的做法。同时对旧物装饰的护岸应用卵石点缀处理，构筑成整体风格一致的驳岸景观。

（二）河床材料的选择

从生态角度看，河床材料的设计中，合理选择底质是很重要的，可参照同类河流根据地貌分类的方案进行设计，也可根据河段的上下游河段的河漫滩或古河道里开挖取样进行分析。

一般来说，底质应该尽量包括不同的粒径组成，以避免砂砾石径的均一化。其中，有棱角的砂砾要占到一定的比例，以保证砂砾之间的相互咬合，以增加河床的稳定性。

粒径大小应适当，如若太大，那么容易在高速水流作用下失稳，并且粒径太大的底质材料也不利于形成适于鲤鱼等鱼类产卵的栖息地。

第三节 城市河道治理

一、城市河道综合治理的相关理论

（一）城市河道的概念和功能

城市河道，通常指流经城区的河道，是自然的或人工开挖的流经城市区域范围内的河流段，一般包括城区段、城郊段。

河道具有为城市提供水源、排洪、防御、交通、贸易交流、休闲娱乐等功能，城市围绕河道发展、生存并对河道提出相应的发展要求，二者相互依存。

在人类的历史长河中，城市河道经历了一系列的功能的变迁，从专用航运到行洪排涝，再到提供生活用水和灌溉，再到塑造滨河景观、构建生态循环系统，这一系列的功能的变化，河道扮演的角色有的是与生俱来的，有的则是人们根据现实需求给予添加的，在不同的历史时期，城市河道发挥的功能不同。总结其主要功能分为以下四种：

1. 生态功能

河道最基本的一项功能就是生态功能，例如过滤功能、净化功能、栖息功能、流动功能等。河道为多种生物提供了良好的栖息地，水中的营养物质为其提供食物，河道也具有净化空气和调节城市气候的作用。良好的河道对形成良好的生态系统具有重要意义。河道的水面较宽，水分易蒸发，加之河道风的流动，与地面的高温形成对比，城市湿度在此影响下可以大大增加，城市热岛效应也大大降低，为城市居民创造了适宜的生活环境。城市河道护岸为居民提供了休闲、娱乐场所。城市河道周边的绿化也起到了降低噪声、吸尘纳垢的作用。城市河道水系是一个可持续的、具有生命力的有机系统。

2. 水利功能

灌溉供水、行洪排涝是河道的两大水利功能：一是灌溉供水功能。河流一般是汛期储水、旱期排水。不仅为城市居民提供生活用水，还为工业供给用水，同时引河道之水灌溉农田也是河道正常发挥的功能，方便、快捷是城市河道供水的一大特点。城市河道为水生物提供了生存环境，也改善了城市环境。因此，保持城市河道水资源的持续供应，不断发挥城市河道的水利功能，创造良好的河道是关键。二是行洪排涝功能。降雨落下的水分为两部分，一部分渗入地下形成地下水，一部分流回河道。减少洪涝灾害，一般利用河道汛期储水、旱期排水的功能。我国是季风性气候，连续的梅雨季节的降水量较大，河道具有减缓洪水行进速度的功能。

3. 交通运输功能

在中国古代，河道是航运路线的较为重要的一部分，在中国历史上占有非常重要的作用。在古代，河道用来交通和运输粮食等非常方便，出于这种目的，人们开挖一批运河，重要的运河有京杭大运河、淮河及其支流、长江和黄河部分运输段。经过几千年的发展，这些河流相互汇聚，连接一起，形成了较为发达的水运网络。随着经济的发展，陆运、空运的快捷性超过了航运，河道的航运动能也逐渐下降，只在我国南方部分地区还在发挥河道的交通运输的功能。河道的交通功能的重大意义在于促进了我国各地区之间经济、文化、政治的交流。

4. 景观功能

随着河道的运输功能的弱化，河道的景观塑造功能逐渐上升。但是由于生活污水以及工业污水的排放，城市河道严重受到了污染，水质严重下降。人民的生活用水质量不达标，严重影响了居民的身体健康，在此情况下，良好的河道对城市景观及生态系统的影响提升到了很高的层次。城市河道是一个城市的绿色生命带，具有调节局域城市小气候的作用，周边绿化吸附污物和汽车尾气，净化空气，降低噪声。水体增加了城市的湿度，改善城市环境质量，同时为居民提供休闲娱乐的场所。

(二) 城市河道治理的定义及其与城市的关系

城市河道治理是指治理城市中一些正在遭到破坏或者即将遭到破坏的城市河道。保护修复或者重建河床、护岸以及两岸绿化等工程，既要让城市河道充分发挥护城、灌溉供水以及引水排洪的作用，同时又要扩展城市河道景观功能、生态功能、休闲娱乐等方面的功能。

城市河道是城市的重要组成部分，城市河道在城市的发展过程中，发挥着其多样性的功能，充当着多重角色，为城市的建设发展提供了很大方便。同时，城市的发展也给城市河道带来了或好或坏的影响，城市河道与城市两者相互联系、相互交融。衡量城市生态系统优劣的一个重要指标是城市河道质量的好坏，城市河道也是城市的重要基础设施。城市河道不仅发挥着其护城、航运、引水排涝的作用，同时还为市民提供了旅游、休闲娱乐的场所，改善城市小气候，吸尘纳垢，净化空气。不同的城市社区被城市河道所穿越，城市社区的周边环境要综合考虑。因此，城市河道同时承载着人文因素和物质要素的双重特性。

(三) 受污染河道的影响与危害

受污染河水中最重要的一类污染物即为氮磷营养盐。城市河道两侧往往与居民区以及公路接壤，紧临生活区域。其水质一旦恶化，有可能会出现河道堵塞、水体黑臭、水生态环境崩溃等问题，不仅会影响河道的水体的正常流动，还会降低周围居民的生活品质，对居民的生活造成不良影响。受污染河道的水质不稳定，受到再生水源变差的影响，可能会出现河道水生态系统崩溃的情况。其存在会限制当地经济发展，对于当地的旅游及河流下游的水质都会造成不利影响，因此，受污染河道的治理工作具有实际工程意义。

我国大部分城市都在河道周边、依水而建，市民也都喜欢有活水的社区，从侧面反映出城市河道综合治理的重要性。但是，传统的河道治理偏重于防洪排涝，采用混凝土和浆砌石河道抵御洪水，忽略了河道的其他作用。随着社会发展，城市河道的功能不断丰富，河道治理也有了新的意义，具体如下：

①防洪排涝。城市硬化造成城市洪量大，洪峰急，城市河道及两岸湿地可以对城市洪水进行调节，延缓洪水的行进速度，削减洪峰、洪量，减轻下游河道洪水强度。防洪排涝也是城市河道最根本功能及要求。

②截污净水。依托已建和新建污水收集处理系统，进一步完善沿河污水收集输送系统，提高污水收集处理率，对旱季污水进行全面截排，雨季污水如何大幅缩减，以净化河道水质，保证周边空气指数。

③河道景观。利用河道自然水生态系统，恢复河岸植被，增加生物物种，沿河设置慢行绿道，减少采用混凝土、浆砌石等生硬构造，在有条件的地方可以建设滨水开放空间，以丰富市民的业余生活。

④调节小气候。河道具有丰富的生物多样性，河流周边的绿化带净化周边空气，对于汽车尾气以及施工造成的粉尘都有吸收作用，同时由于水比热容较大，河道水面蒸发以及水流流动都可以改变周围环境，为市民提供一个舒适的生活环境。

二、城市河道的外观形态

在城市河道治理中，河道的外观形态是最先表现在人们视线之中的，也是治理的重点内容，同时也是给人们最为直观的景观环境，是感官的第一印象。

（一）城市河道的平面形态

1. 河道平面形态的分类

自然河道在平面上一般有顺直、弯曲、分汊、散乱四种形态，这些形态会随自然环境的变化而变化，总体有向弯曲和微弯演变的趋势。一般的河道都会有两种及以上的形态特征，而城市河道由于城市发展和水利工程改变，大多是顺直的形态。

①顺直形态。在平面上，比较顺直，河槽两侧分布有交错的深槽浅滩，这种类型的河段在受到冲刷时，其边滩会相应地向下游移动，深槽浅滩也会同步向下游移动。

②弯曲形态。这种弯曲的蜿蜒型河段由于受到重力和离心惯性力的作用，水位会沿着横向曲线变化，凹岸一侧的水位会高于凸岸一侧的水位，这决定了弯道水流的结构特点。随着蜿蜒河段的曲折程度不断加剧，河流长度会一直增加，曲折系数也会变大。凹岸会崩退，凸岸会相应淤长。蜿蜒的河道能降低洪水流速，降低河流泥沙输运的能力，起到河流防洪安全的目的，缓解水流对河流护岸的侵蚀。同时蜿蜒的河道有利于营造丰富的生物栖息环境，为动植物提供避难场所，提高生物多样性，为营造近自然的河流奠定景观基础。

③分汊形态。中水河槽宽窄相间，窄段为单一河槽水深较大，宽段有沙洲将水流分为若干股的河道。这类河道的演变特点为：沙洲与河岸线不断移动变形，分流比与分沙比产生相应变化，导致主支汊道周期性兴衰交替。这类河道多存在于河谷宽阔且组成物质沿程不均匀，上游有节点或稳定边界条件、流量变幅不过大含沙量不过高的河流中。这类河道因水流分散水深较小，主支汊兴衰交替不稳定等也常给水利水运建设带来一些问题，需要进行一定的整治。

④散乱形态。河槽断面宽浅，江心多沙洲，水流散乱，沙洲迅速移动和变形，主流位置迁徙不定的河道。平面上水流散乱，心滩密集，横断面宽且浅，主槽的摆动幅度和速度均很大，河势变化剧烈。

2. 河道平面治理的工程设施

（1）丁坝

丁坝是建造在水中突出的部分，是早就普遍应用的一种坝工形式，其具有束窄河床、调整水流、保护河岸的性能。在城市河道治理时，设置丁坝可以形成缓流区域，为动植物提供稳定的生存繁衍场所，同时也可减少对河岸的冲击。连续设置的丁坝能够堆积更多的泥沙，形成多样的河床形态和生境条件。

传统丁坝属于重型结构，由护底、坝体、护根以及护坡组成，坝根与河岸或专门修建的连坝相连，坝头伸向河槽方向，在平面呈丁字形。新型结构的丁坝以土工织物为主要的材料，结合各种压载物组成的沉排坝而形成。组成结构与传统的一样，护根主要是土工织物组成的沉排物。丁坝一般都是连续多个设置，单独的一条丁坝影响力很小，其长度一般为河道宽度的1/10以内，高度为设计洪水流量时水深的 0.2~0.3 之间。

丁坝的平面形式主要是指丁坝的长度、间距和方位角等。根据其长度，如丁坝在垂直于水流方向的投影长度和稳定的河道宽度的比值大于 0.25~0.33 时，为长丁坝，反之为短丁坝，若是特别短的就被称为矶头、踩、盘头等。就方位角而言，丁坝可以分为上挑、下挑和正挑三种。上挑丁坝与河岸的夹角为 110°~120°，下挑的则为 60°~70°，正挑的为 90°。丁坝的间距也是很重要的因素，间距大则难以相互掩护，反之则会有所浪费。对于凹岸，其间距一般为坝长的 1~2.5 倍，凸岸为 2~4 倍。

按照丁坝所使用的材料有以下三种类型：

①桩式丁坝。采用木桩或者钢筋混凝土桩作为基础的垂直于河岸的丁坝。木桩一般采用长 3~5m、桩末端直径 12~15cm 的木材，间距 1m 布置。钢筋混凝土桩采用长 10m 左右，断面为 25cm×35cm 的预制板桩，按照纵横 5m 间隔 1.5m 连成整体。

②抛石丁坝。用毛石堆积或在填土表面用毛石干砌而形成的丁坝。通常适用于河床为

砂砾的河道和水流湍急的河道。抛石丁坝横断面为梯形，坝顶宽度通常为 1~4m。其迎水一面坡度一般为 1：2~1：1，背水一面为 1：3~1：1.5，流速不大时也可为 1：1，坝头向河坡取 1：5~1：3。

③混凝土丁坝。其形式与抛石丁坝相似，只是组成材料为混凝土，并需要在其上覆盖一些河床材料、砾石等用来种植植物，并用沉排和蛇笼等为护脚，使泥沙堆积。

（2）树墩

树墩是指树根和部分树干组成的结构物，可用来控导水流，减小冲刷，并为生命体提供栖息环境。通常根部的直径为 25~60cm，树干长度为 3~4m，树根盘的 1/3~1/2 埋入枯水位以下。

施工时，通常采用插入法，即使用机械把树干端部削尖后插入坡脚土壤中。或者可采用开挖法，即挖开岸坡后，将树墩埋入其中，树根底盘正对上游，并用纤维垫包回填土，再扦插活树枝。

（3）堰

堰也是一种典型的河道治理的工程结构，一般有交叉堰、W 形堰和 J 形堰等。交叉堰是由枕石铺在河岸边缘，与河底有一定交叉的一种堰体结构，它有助于坡度控制，减小河岸的侵蚀，维持河道输送能力。W 形堰从下游看呈 W 形，主要用于比较宽的大型河道，可以保护河岸，同时有利于从河道中引水。J 形堰是由天然材料建造，在平滩高程位置从河岸向上游主槽延伸的一种工程结构，在平面上呈 J 形，能够降低近岸区域的流速、剪应力和水流能量。

（二）城市河道的纵剖面

1. 城市河道的纵剖面概述

河流是一个典型的线性结构，其在纵向上有着连续性，从河流的源头到终点才是一个完整的生态系统。在河流整个运输传递的过程中，其水量、流速、河道宽度、深度、生物状态等都会随时变化。上游生态系统的任何变化都会影响下游的环境，同时下游的环境变化也会对上游有所反馈。

河流纵向上的连续性能够很好地保持河流生态系统的稳定，为各类生命体提供多种多样的生境条件，同时也是整个生态系统延续的基本保障。但是在人们对河道进行开发利用时，会建造大量的堤坝、水闸等设施，严重干扰了河流在纵向上的生态连续，尤其是各种生物之间的能量、信息交流。

河流纵向上的治理修复，最重要的就是要维持河流整体的连续性，这是河流生态系统的核心内容。而且对于城市河道来说尤为重要，因为城市区段是干扰最严重的部分，在治理中可以为竖直的跌水制造部分缓坡，设置水生动物专用的通道，拆除不需要的拦水设施等。

2. 城市河道纵剖面治理的工程措施

（1）人工鱼道

在自然河流中会存在很多有洄游习性的鱼类，它们在河道纵向的连续性上有着非常重要的作用，可以将不同河段的能量、物质信息进行交流互换。但是在顺直的城市河道中，由于流速较快，对其构成了很大的威胁，尤其是人工的堤坝等设施，更是难以逾越，那么就需要修造一些人工鱼道，来协助鱼类进行洄游。在人工鱼道的设计时，要考虑到河道的水文条件、鱼类的洄游方式以及各种人工设施等。但是首先应该确定其进出口的位置，进口位置应当设置在鱼类洄游路线上，若是难以确定则应在有水流下泄和鱼类聚集的地方；并且进口不能有漩涡和水跃；能够适应过鱼季节下游水位的变化；进口的低槛高程在过鱼季节下游的水位发生变化时，能够保证 1.0~1.5m 的水深。

出口的位置要远离泄水和引水建筑物等不利于洄游的环境；出口的高程应当能够保证从上游放水进入鱼道；能够适应过鱼季节上游水位的变化；出口高程在过鱼季节上游的水位发生变化时，能够保证 1.0~1.5m 的水深。

常用的人工鱼道有三种类型：

①水池式鱼道是由一连串连接了上下游的水池组成，各个水池之间由短的渠道连接。这种鱼道接近自然河流的状态，对于鱼类的洄游比较有利，但是太高水头不大，一般是 3~10m，并且需要合适的地形，否则就要进行较大的开挖工程。

②槽式鱼道是最简单的一种鱼类通道，它的断面是一个矩形的槽。通常为了保证水深并限制流速，会在鱼道中加入不同类型的人工加糙。这种鱼道的优点就是宽度小，一般在 2m 以下；坡度大，通常为 1∶10~1∶4；长度短。缺点就是流量较大；水流容易紊乱。

③梯级鱼道是由横隔板和阶梯式底板的水槽组成的，然后形成了一系列的阶梯式水池。设置隔板后，水池中的水位自然会形成阶梯状，但在隔板上是设置了一系列的孔洞，方便鱼类穿越。同时拐角处的水池都能够为鱼类提供休息的场所。水池的数量和大小，都要依据河道的具体状态来确定。

在实际的工程实践中，大多会选择复合的设计方式，多种结合能够更好地协助不同鱼类的洄游。

（2）跌水工程

城市河道在治理时通常会采用混凝土河床，这样会有利于洪水的排泄，但同时增加了河水流速，破坏了生物的生存环境。而自然河流一般都存在多种多样的高差变化，为其生态系统的维持提供了环境保障。

因此，在城市河道治理时可以通过一些人工手段，如设置溢流堰、利用石块建造自然跌水等，来降低河床坡度、减缓河水流速、营造生物栖息环境。跌水形成后，其高差不仅能增加河水的复氧能力，还能够丰富视觉、听觉的景观。

①溢流堰。利用溢流堰来营造跌水，是常见的一种工程方法，它通过不同形式的溢流堰组合，能够形成不同的水生环境。在上游能够形成较高水位，为生物提供栖息场所；在下游，能够增加河水的曝氧量，同时增加河水的势能，影响河水对河床的冲击力，进而改变河床的纵向形态。

②阶梯状挡墙。若是河床的坡降较大，则可以采用阶梯状的挡墙来缓解。首先要确定每一级阶梯的间距和深度，通常可以将间距设置在70cm左右，深度设置在80cm左右；然后要设置一些孔洞来方便生物栖息、避难；同时各级挡墙的压顶要使用天然石块，并在底部铺设碎石等，使河水的形态更具多样性。

③天然石块。在河床坡度较小的河段，可以将天然的石块、碎石等放置在河水之中，营造自然跌水的状态。天然石块堆放时，会有很多孔隙产生，这样既能够保证良好的通透性，又能够为生物创造有利的生存环境，营造自然的河道景观。

（三）城市河道的横断面

城市河道周边居住的人口较多，两岸的空间相对较为狭小，但是对河道功能的要求却相对较高。根据形式特征，城市河道的断面类型主要分为矩形断面、梯形断面和复式断面。

（四）城市河道竖向的连通性

1. 城市河道竖向概述

河流在竖向上可分为表层、中层、底层和基层。其中表层是指与外界空气相互接触的部分，它的含氧量较高，大部分的好氧生物均在这一层生存活动，同时为河流的生态系统提供基础的物质能量。在中层和底层中，随着河水深度的不断增加，光线在不断减弱，与外界的联系也越来越少，氧气含量也在逐步下降，由于生境条件的变化，导致有很多不同的生物群落产生。基层主要就是指河床的部分，其物质结构组成、营养物质种类和能量多少都会对河流整个生态系统产生巨大的影响。

河流的河床材料是其生态系统的中心枢纽，它掌控着河流生态系统中的物质与能量的信息交流，同时也是河流发展演变历史中最有分量的见证者，是地表水与地下水之间最直接、最重要的连接通道。河床中不同粒径的材料相互组合，形成了丰富多样的生境条件，为各种不同的生物提供了繁衍栖息的生存环境。在河床中生存活动的生物数量远多于中层和底层的生物数量，是河流生物循环的重要环节。

2. 河床材料

在自然界的河流中，除了在高山峡谷区段由河水冲刷形成的部分，其河床是由透水性较差的岩石组成，其他大部分河流的河床材料都是透水性较好的材料，如砾石、砂、粉砂、黏土、卵石等。

在城市河道规划治理时，要保护好河道的生态系统，必须首先停止使用混凝土进行砌筑河床，对已经使用过的河段，可以将河床开挖去除混凝土，然后将其放置在河道两岸。这样既能在河岸形成有变化的孔隙区域空间，还能减少资源的浪费。而在拆除混凝土的河床上，选择具有下渗作用和透水性的河床材料，并依据河道现状进行材料的组合。

三、城市河道生态修复

（一）城市河道生态修复的目标

1. 洪水控制和水循环健康

河道生态修复首先要控制洪水，保护人们的生命财产安全。洪水是河道水循环的自然过程，它不可避免，但又不是长期存在。因此，要分别处理洪水期的防洪和平时的河道景观、亲水性以及生态系统。洪水来时要导、要给它容身之处，没有洪水时则需要满足人们对河流的亲水性和生态健康的需求。要改变以往片面的防洪策略，研究制定新的治水对策。

2. 河道生态系统健康

河道地貌学特征改善。遵循生态学规律，充分发挥自然界自设计和自修复的功能，在满足一定防洪要求的同时，留给河流自然运动的空间，使其重新具有蜿蜒性、连续性、深槽浅滩交替、湿地等多样性的河道形态。尊重河流的自然状态，保护和营造各类生物群落的生存空间，通过改善河道的地貌学特征，使其成为拥有多样性栖息地和稳定生态系统的美丽自然河道。

恢复河道自净能力和改善水质。河道生态健康一个很重要的指标就是水质。水质的提高要通过消除点源污染、控制面源污染和提高河流自净能力三个阶段来实现。点源污染必须禁止污水直接排放入河；面源污染的控制要通过加强下水处理系统和增加河流河岸缓冲带的净化能力来实现；河流的自净能力要通过恢复河道自然形态多样性和水生及滨水生物群落的多样性来实现。只有恢复了河道的自净能力，才能保证水质的改善。

生态系统稳定和可持续发展。在城市河道的生态修复过程中，要特别注意保护和营造滨水生物栖息地，贯通河流廊道，为植物提供生长空间，为动物提供居生活和繁衍的空间，提高生物群落的多样性，保持生态系统的稳定性，并通过演替过程保持其可持续发展。

3. 重建具有当地特色的河道景观

在河道生态修复中要考虑景观结构要素，通过对原有景观要素的优化组合和新的景观成分的引入，调整、建造新的河道景观，创造出更加和谐的新的景观格局。在景观的重建过程中，要注意当地地域特色的保留和营造，多运用具有地区风格的乡土植物和沿岸建筑格局、保护文物古迹、保留改造历史遗迹、用景观手段再现历史典故等，展现河道所经历的时代风光。

4. 增加河道亲水性

人类天生对水有着向往。而以往的河道整治，尤其是防汛墙的设置使得河道的亲水性丧失。河道是动植物的栖息场所，也提供了人类的生存空间。通过与河道的亲身体验交流可以达到休闲放松、休养保健的目的。因此，城市河道的生态修复要考虑人的亲水性，增加亲水设施，同时要给滨水生物留出生活和繁衍的场所，协调人类需要和动植物需要的关系。

5. 重塑优美宜居环境

河道生态修复的最终目标是创造优美宜居的环境。城市河道是城市的重要组成部分，也是城市中自然因素最多、最能吸引人返璞归真、享受自然、放松心情的地方。从最早的逐水而居，到河道污染、离水而居，再到对环境质量要求提高、向往优美环境和滨水景观，人们追求的是一个自然优美的滨水环境，而人们通过生态修复，恢复健康的河道生态系统，提高水质和滨水环境质量，最终重新塑造宜居的环境。

（二）城市河道生态修复治理措施

1. 水生动物投放

水生动物的投放在实际的河道生态治理中又称为生物操纵技术，在具体实践应用中主要是对浮游动物的投放、底栖动物的投放以及鱼类的投放。浮游动物的投放目标主要是控制城市河道中的富营养化藻类，是一种新型的生物操纵方法之一，这些浮游动物对藻类具有很强的摄食能力，繁殖能力也比较强，可以很好地控制藻类水华，这些浮游生物主要有大型蚤、剑水蚤等。双壳类的底栖动物投放目标主要是以控制河道中的藻类和有机碎屑为目标，双壳类动物的投放选择以当地物种为主，包括三角帆蚌、河蚌、圆顶珠蚌等一些种类都可以作为投放选择，螺蛳和虾也可以进行适当投放来强化生态系统多样性，底栖动物的投放最好在水质进行一定的修复改善后再进行。

2. 人工碳纤维生态水草

人工水草技术是一种新型生物膜载体技术。碳纤维生态水草是通过特殊热处理工艺，由碳纤维和相关树脂材料制作而成，根据含碳数量分为多个类别，一般情况下含碳量都在90%以上，将其置于水中时可以迅速散开。人工水草在水中固定以后，会吸附水中各种生物到其表面，从而夺取水中藻类生长所需要的营养物，抑制藻类滋生，改善水质。人工水草由于其特性，不受水体透明度、光照等外界条件限制，从而大大提高了水质净化效果，在城市景观水体维护及河道生态修复与维护方面应用广泛。

3. 生态浮岛技术

生态浮岛技术多用于城市黑臭河道治理。具体是在受污染的河道中，运用轻质漂浮高分子材料作为床体，将人工种植的高等水生植物或改良过的陆生植物置于其上，通过植物强大的根系作用削减水中的氮、磷等营养物，并以收获植物体的形式将其搬离水体，从而达到水质净化的效果。生态浮岛技术主要原理为：植物吸收水体营养物质、浮岛植物根系遮蔽阳光抑制藻类生长、植物根系微生物降解水体污染。生态浮岛技术相比于其他技术更接近自然，建设和运行成本较低，经济效益良好，既达到了美化环境的效果，又与周边自然融为一体成为河道新的景观节点。

4. 人工强化生物膜技术

生物膜法技术在传统河道污水处理中应用较多，将其运用于河道水环境的修复就是对河道中原有的生物净化过程进行强化。通过模拟城市河道中砾石等材料上附着的生物膜净化作用，人工填充各种载体，在载体上形成生物膜，当污染的河水经过生物膜时，污水与载体上的生物膜充分接触，进而被生物膜作为营养物质而吸附、氧化、分解，从而使水质得到改善。砾间接触氧化法是一种模仿生态的做法，强化生态自然净化水质过程的方法，具有纯天然、可地下化、处理效果好、成本造价低廉等优点，在中小型城市河道净化方面有明显成效。

5. 河道曝气增氧技术

城市河道中一般没有明显的高低落差，主要利用多级人工落差跌水，在水的下落过程中与空气中的氧气接触实现曝气复氧。人工跌水要结合景观建设来合理布局在河道中的位置，实现景观性与技术性的统一。跌水曝气复氧主要有两种途径：一种是在重力作用下，水流由高处向低处自由下落的过程中充分与大气接触，大气中的氧气溶解到水中，形成溶解氧；另一种是水流以一定的速度进入跌水区时会对水体产生扰动，强化水和气的混掺产生气泡，在其上升到水面的过程中，气泡与水体充分接触，将部分氧溶入水中形成溶解氧。

人工曝气复氧技术主要是对受到耗氧有机物污染后，出现水体缺氧产生黑臭河水的河道来应用，根据河道特点及区域经济水平采取合理的强化曝气技术，通过人工向水体中充入氧气或空气来加速水体复氧，恢复和增强水体中好氧微生物的活力，使得河道中的污染物得以净化，从而改善河道水质。对于城市改造的景观生态河道，在夏季时因水温较高，有机物降解速率和耗氧速率加快，造成水体溶氧量降低，影响水生生物生存，人工河道曝气技术运用可以很好地改善这一状况。

（三）城市河道生态修复实例——以九江龙开故道整治工程为例

传统的城市河道治理，往往注重的是水工建筑物的净化、防洪、挡水等具有实用性的功能，而对水对美化亮化城市的美学效果考虑得比较少。随着社会的发展，对传统河道的治理逐渐向景观美化、寓教于乐方向发展；讲究人与自然的和谐统一，人与水、文化的相辅相成；通过美来展现它所具有的独特文化内涵和神奇的表现力。因此，在这样的大背景下，提倡水利进城，不仅是水利自身发展的需要，更是城市发展的必然选择。水利进城，其内涵不仅包括原来意义上的城市防洪，还应该包括对城市环境、品位的提升。城市水利不仅是城市的亮点和重要组成部分，同时也是水利实现现代化的重要标志。

在龙开故道的整治过程中，在保证安全行洪、水质净化的前提下，紧紧围绕水工美学的设计原则，对整个工程进行统筹设计、突出景点细节的地方性、文化性、娱乐性，极大地提升滨河区土地利用价值。

1. 工程概况

（1）项目区基本概况

龙开故道整治工程位于九江市中心城区的经济技术开发区内。该工程是九江市防洪治涝工程的重要组成部分，是通过八里湖向甘棠湖供水、解决甘棠湖水质问题的有效途径，是增加九江市城内旅游景观、美化环境，提高九江市城市品位的一项重要工程。

龙开故道首端为八里湖进水闸，该闸上游为八里湖，新开的龙开新渠末端位于甘棠湖西南面紧靠甘棠湖。项目区所在区域目前已形成九江市城区的一个独立汇水区域，由于集水面积小，区域周边均有防洪标准较高的防洪堤抗御外围洪水，该区域已达到一定的防洪标准，但龙开故道多年废弃被堵，区域内的内水排除困难。湖水的补给水源主要是集水区域的降水。

（2）项目区现状及存在的问题

龙开故道存在的主要问题是：河道排水功能丧失，内涝严重；缺乏有效治理，污染成灾。甘棠湖目前存在的主要问题是：湖水补给水源缺乏，天不降水时湖水便成了死水，水体受污染严重，水质差，水环境恶劣。

龙开河上三个断面的水质监测结果表明：龙开河进口水质为优，中段水质受轻度污染，出口水质受中度污染；龙开河主要污染物为氨氮、生化需氧量、高锰酸盐指灵敏、挥发酚。以上指数大量超标，说明龙开河水质污染物为有机污染。这主要是由于龙开河接纳了十里片区大量工业废水、居民生活污水和医院医疗废水，造成龙开河以有机污染为主，又由于龙开河属于季节性河流，本身水量不大，枯水季节几乎成为排水沟。

龙开河故道由于长期废弃，河道淤塞严重，沿河杂草丛生，垃圾成堆，排水不畅，雨水季节，内涝成灾。加之两侧部分生活污水直接排入故道，使故道内水质污染严重，严重影响城市环境景观，与九江市的现代化港口旅游城市的定位极不相称。因此，尽快疏浚整治龙开河故道，对于根治水患，美化市容市貌和提升周边土地的商业价值都具有十分重要的意义。

2. 设计原则

（1）总体目标

工程区内水清岸绿，生态环境明显改善，提高龙开河环境质量和景观质量；将龙开河建成水、城市、生态、文化融为一体，人与自然和谐共生的生态体系，创造一个安全、优美、休闲、亲水的生态环境，满足市民接触自然、回归自然的要求。

一是满足防洪排涝功能。龙开河主河槽20年一遇防洪标准，相应洪峰流量23.6m³/s。二是生态景观目标。达到河湖景观用水近期治理目标，水、城市、生态、文化融为一体，人与自然和谐共生。三是休闲旅游目标。环境优美、休闲、亲水、自然，成为九江市经济技术开发区水景主体。四是文化展示功能。刻录龙开河历史足迹，塑造文化景象，成为展示龙开河文明发展的窗口。

（2）指导思想

在确保防洪安全的前提下，综合整治河道，对龙开河两岸生态、环境和景观进行修复、改善及保护，把龙开河建成一处以水为依托，以绿为主题，突出龙开河两岸的时代气息和较强的地域文化特征，融合历史人文景观，集休闲、娱乐、旅游于一身的生态走廊，为九江市经济技术开发区经济建设和城市居民的身心健康创造良好的环境。

（3）基本原则

一是在保证安全行洪前提下，统筹兼顾生态环境的改善、河道亲水性和自然性、滩地生态开发利用等多个目标的实现；增加休闲娱乐机会，提升滨河区土地利用价值。

二是坚持以人为本，生态化治理。对其中的污染，尽量采用先进的处理技术，遵循自然的规律，采用生物处理的方法，提高生态的自我修复能力，使人与生态环境和谐统一。

三是坚持整体性的设计原则，在龙开故道的改造过程中，始终坚持从整体上把握，把龙开故道与周边环境和配套设施作为一个有机的整体来进行设计，而不是各个景观的简单叠加。

四是坚持设计遵从自然，"点、线、面"相协调的原则。使河渠像自然河流一样，创造出多样而自然的水边环境，形成丰富、稳定的生态体系，维持和保护生物多样性。

五是注重景观与景观之间、建筑与建筑之间的协调性，强调景观之间的起转承合，建筑之间的错落有致，既浑然一体又突出主题。

六是景观的设计融合到地质景观之中，注重景观规划的个性塑造，减少人工雕琢痕迹。要充分地利用天然的自然资源和已有的社会环境，使其成为新环境的一个要素，融入其中，做到物景一体、浑然天成。

七是充分体现当地的风土人情，如本地的风俗人情、历史典故、民间传说等。

3. 具体实施措施及效果

（1）整体景观设计

一是整体格局设计。龙开故道景观设计由龙开故道、明渠、暗渠三部分组成，根据这三段的地理位置和条件加载以不同的文化内涵，创造不同的景观。设计截取"九派浔阳郡，分明是画图"这句诗词作为龙开故道部分景观设计的主题，并以"自然、生态、美学"理念为整个故道的设计基调，营建六大景观节点，而大节点中贯穿着各种小场景，形成"大景套小景"的格局，各处景点尽量冠以当地的一些历史文化来体现设计主题。而明渠和暗渠部分分别根据环境的要求进行设计，以表现商业都市文化、自然意象文化。

二是植被设计。包括两个方面：①水面植物。根据水面的大小不同布置植物种植槽，满足景观空间形态的需求，并留出娱乐行船的通道。水面景观低于人的视线，综合岸线景观和湖面倒影、水面植物进行适当的景观组织、形成一幅幅优美的水画卷。②岸边植物的布置。岸边绿化带通过种植不同植物，形成宁静优美湖岸景观轮廓线。

（2）吴风楚情园的设计

吴风楚情园位于八里湖进口段，龙开故道桩号范围：0-084～0+350，长434m。其设计风格是由吴风、楚情两大景观节点构成，分别以不同的元素表达"吴头楚尾"的"一地两俗"风景与风情。把吴风的"外柔内刚"与楚情的浑厚而又朴实的人文气息有机地联系在一起。

（3）桃源清溪的设计

桃源清溪位于龙开故道桩号范围：0+350～0+840，长490m，其设计是充分利用现有的环境资源，把桃源清溪、隐士亭、星子桥、宜趣亭、游船主码头、玉竹影门、临水七大景观有机地联系起来，形成了"清溪流转竹夹岸，碧山缤纷花满眼"的格局意境。

（4）自在林、自在居的设计

自在林位于龙开故道桩号范围：0+840～1+200，长360m。其设计完成从名字上下功夫，突出"自在"二字。密植的竹林中一条弯曲的小路，引导人们继续探幽。路的尽头是一个别致的小茶室，体现"路的尽头有人家"的手法。房子三面植物环绕，一面（主入口方向）为云墙门洞、形成"三面环翠，一面墙"的空间格局，简约的摆设让人有足够的心情驻步停留。

（5）逍遥村的设计

逍遥村位于龙开故道桩号范围：1+200～1+860，长660m。逍遥村的设计是自然景观和历史典故结合的代表。在设计中把自然环境和庄子的一些典故（如庄子与惠施关于鱼的对话）来对景观进行处理。营造出一种无拘无束、自由自在的生活自然的空间，让人投入其中能忘却那平常日子里工作与生活的烦琐，让情绪得到释放。

（6）涤生碑林的设计

涤生碑林位于龙开故道桩号范围：1+860～2+650，长790m。涤生碑林的设计是以"中兴第一名臣"曾国藩为题材，进行景观设计，突出设计的人文素质教育。如择取曾国藩一些典型事迹处理为碑刻与壁画，以条幅形式对曾氏"修身、治家"语录进行景观创造。临岸有"安如磐石"小景来表达曾氏的处事心态。而植物、小品则是分别根据景点需求进行设置，满足人们的亲绿性。

（7）现代都市滨水景观的设计

现代都市滨水景观位于龙开故道桩号范围：2+650～3+223，长573m。现代都市滨水景观的设计主要由"都市音韵"和"流动的格致"两大部分组成。

现代滨水景观的设计仍然以强调"亲水"为主，在不同区块根据空间尺度的大小设置不同的场景，以现代景观元素用现代的笔触和材料进行表达，分别显示出别致的主题。

都市音韵景观的设计，着重从景观的连续性、层次性、观赏性上进行了设计。采取椭圆围合的休闲广场，以不同形式的花坛、树坛跟踪椭圆的线条流线，"琴弦"为顶的圆形木质花架，花卉、灌木、小乔木、大乔木结合了临近的护栏形式，形成了具备韵律感的空间，构筑一方都市音韵空间。

（8）河道断面的设计

渠道底宽设计采取"随岸就势"的设计手法，设计采用松木桩垂直护岸，顶部要求错落有致，EL12.80m 以上种植亲水植物进行生态护坡。河道两岸在 EL13.10m 考虑布置亲水休闲栈道，宽 1.2~3.5m。整条河道采用生态护底，即卵石 20cm 厚下设细砂层 20cm，河底先清淤后回填碾压。

河道断面形状的多样性，表现为深槽与浅滩交错，尊重河流原有的自然断面形态。在龙开故道整治工程中，尊重天然河道形态，尽可能避免采用几何规则断面。多样性更富于变化，给人们视觉上更多的享受。

湖塘、浅滩、弯道的设立，既对水体起沉淀、初步净化作用，又给浮游生物以栖息、繁衍的场所，创造了一个水生动植物、陆生动植物和人类相互依存、相互制约的和谐共生的自由天地。

4. 总结

龙开故道整治工程作为一条横贯南北，穿越九江市开发区与主城区的河流，是令九江市人民瞩目的重要工程。因此，这条河道除要满足行洪排涝功能外，沿河布置上还要体现以水为主题的具有丰富的区段特色，体现江南水乡自然生态环境特色和历史文化内涵以及充分体现生态原则，保护河滨自然与人文资源。

在龙开故道的整治工程中，从整体出发，结合周围的地理环境、人文古迹、人的视觉感受等方面，运用水工美学的原理，并针对近水性、亲水性等问题，提出了切实可行的解决方案，最终体现"以人为本"的设计理念，为水工美学在城市水利工程中的应用提供了一定的实践经验。

参考文献

[1] 代彦芹,黄靖,樊宇航. 水利水电工程计量与计价 [M]. 成都:西南交通大学出版社,2016.

[2] 刘世梁,赵清贺,董世魁. 水利水电工程建设的生态效应评价研究 [M]. 北京:中国环境出版社,2016.

[3] 陈彩苹,刘普海. 水利水电工程测量 [M]. 北京:中国水利水电出版社,2016.

[4] 费成效,潘孝兵,赵吴静,等. 水利水电工程实训教程 [M]. 北京:中国水利水电出版社,2016.

[5] 曾瑜,厉莎,沈坚,等. 水利水电工程造价与实务 [M]. 北京:中国电力出版社,2016.

[6] 苗兴皓. 水利水电工程造价与实务 [M]. 北京:中国环境出版社,2017.

[7] 张家驹. 水利水电工程造价员工作笔记 [M]. 北京:机械工业出版社,2017.

[8] 段文生,李鸿君,赵永涛,等. 水利水电工程招投标机制研究 [M]. 郑州:黄河水利出版社,2017.

[9] 魏温芝,任菲,袁波. 水利水电工程与施工 [M]. 北京:北京工业大学出版社,2018.

[10] 高占祥. 水利水电工程施工项目管理 [M]. 南昌:江西科学技术出版社,2018.

[11] 王东升,徐培蓁,朱亚光,等. 水利水电工程施工安全生产技术 [M]. 徐州:中国矿业大学出版社,2018.

[12] 王东升,常宗瑜. 水利水电工程机械安全生产技术 [M]. 徐州:中国矿业大学出版社,2018.

[13] 张志坚. 中小水利水电工程设计及实践 [M]. 天津:天津科学技术出版社,2018.

[14] 邱祥彬. 水利水电工程建设征地移民安置社会稳定风险评估 [M]. 天津:天津科学技术出版社,2018.

[15] 张世殊,许模. 水电水利工程典型水文地质问题研究 [M]. 北京:中国水利水电出版社,2018.

[16] 袁俊周,郭磊,王春艳. 水利水电工程与管理研究 [M]. 郑州:黄河水利出版社,2019.

［17］高明强，曾政，王波. 水利水电工程施工技术研究［M］. 延吉：延边大学出版社，2019.

［18］沈继华，胡慨. 水利水电工程（2019 版）［M］. 北京：中国财政经济出版社，2019.

［19］唐涛. 水利水电工程［M］. 北京：中国建材工业出版社，2020.

［20］程令章，唐成方，杨林. 水利水电工程规划及质量控制研究［M］. 北京：文化发展出版社，2020.

［21］闫文涛，张海东. 水利水电工程施工与项目管理［M］. 长春：吉林科学技术出版社，2020.

［22］潘永胆，汤能见，杨艳. 水利水电工程导论［M］. 北京：中国水利水电出版社，2020.

［23］吕海涛，李大印，吕如瑾. 水利水电工程专业教学变化的透视［M］. 北京：科学出版社，2020.

［24］吴淑霞，史亚红，李朝琳. 水利水电工程与水资源保护［M］. 长春：吉林科学技术出版社，2021.

［25］王玉梅. 水利水电工程管理与电气自动化研究［M］. 长春：吉林科学技术出版社，2021.

［26］马小斌，刘芳芳，郑艳军. 水利水电工程与水文水资源开发利用研究［M］. 北京：中国华侨出版社，2021.

［27］樊忠成，李国宁. 水利水电工程 BIM 数字化应用［M］. 北京：中国水利水电出版社，2022.

［28］邓艳华. 水利水电工程建设与管理［M］. 沈阳：辽宁科学技术出版社，2022. 05.